湖北美术学院学术著作出版专项经费资助出版

原始崇拜
民族服饰中的精神来源

图腾崇拜
民族服饰中的精神显现

吉祥图案
民族服饰中的精神体现

色彩象征
民族服饰中的精神传达

民族服饰上的 精神家园

少数民族服饰文化解读

罗旻 编著

武汉大学出版社
WUHAN UNIVERSITY PRESS

图书在版编目(CIP)数据

民族服饰上的精神家园:少数民族服饰文化解读/罗旻编著.—武汉:武汉大学出版社,2022.4
　　ISBN 978-7-307-22172-7

　　Ⅰ.民…　Ⅱ.罗…　Ⅲ.少数民族—民族服饰—文化研究—中国
Ⅳ.TS941.742.8

　　中国版本图书馆 CIP 数据核字(2021)第 047103 号

责任编辑:韩秋婷　胡国民　　　责任校对:李孟潇　　　版式设计:马　佳

出版发行:**武汉大学出版社**　　(430072　武昌　珞珈山)
　　　　(电子邮箱:cbs22@whu.edu.cn　网址:www.wdp.com.cn)
印刷:武汉中科兴业印务有限公司
开本:787×1092　1/16　　印张:16　　字数:321 千字　　插页:2
版次:2022 年 4 月第 1 版　　2022 年 4 月第 1 次印刷
ISBN 978-7-307-22172-7　　定价:60.00 元

前　言

　　民族服饰是一部没有文字的史书，它记录着一个民族生存发展的历史，反映着一个民族赖以生存的自然环境、经济、政治、文化艺术、宗教信仰、生活习俗、历史传承等状况，也记录着各民族间的文化交流与融合，同时还承载着人们精神上的向往。民族服饰上的精神家园是指各民族对天地万物的崇拜转为精神上的依托，形成求吉祈福的观念，并通过服饰的整体形态、色彩材质、纹饰等元素，表现出一种符合民族审美文化心理、道德观念的服饰文化境界。经过岁月的冲刷淘洗，少数民族服饰被赋予了深邃而厚重的灵魂，体现出人类共有的自由、健康、积极向上的本质精神。

　　纵览民族服饰文化，我们可以看到，民族服饰上的精神文化内容极为丰富，不仅与不同的自然条件和生产方式紧密相关，与不同的历史渊源、求吉祈福观念紧密相关，更与不同的图腾崇拜、宗教信仰、审美观念紧密相关。由于这些文化差异，不同地区少数民族的服饰风格、款式、色彩、佩饰、图案、材料及工艺运用亦各具特色、千姿百态。那么，是什么样的原因和动机造成了民族服饰各具特色的现状呢？在经历了漫长的岁月、自然与人文的演变之后，它为何始终具有如此强大的生命力，并在今天依然引起世人的注目，甚至焕发出更加灿烂的光彩呢？我们完全有理由相信，这正是由于在民族服饰上体现了一种非常深刻的民族精神，这一精神实质全面地概括了少数民族同胞的生命哲学观、审美价值观和理想信仰观，这也正是包括少数民族在内的人类先民赖以生存发展的思想基础和热爱自然与生命、追求真善美的理想之源。

　　本书正是根据这一观点，借助少数民族服饰的语言靠近信仰，力图通过精神层面，以新的视角来探寻少数民族服饰的精神文化内涵，并从原始崇拜——民族服饰中的精神来源、神巫服饰——巫术精神的投射物、图腾崇拜——民族服饰中的精神显现、吉祥图案——民族服饰中的精神体现、色彩象征——民族服饰中的精神传达等方面对少数民族服饰文化予以解读。在解读民族服饰文化现象时，应对少数民族精神的追求给予足够重视，在考察研究少数民族服饰中，不仅要了解它们的样式、形态、表现手法等外在的物化形态，还应对其进行深层挖掘，思考其文化内涵，探究其审美价值，寻找产生那些外在形式的文化根源，否则对少数民族服饰文化的内涵理解就会肤浅片面。

为研究这项课题，笔者投入了近六年的时间，深感中国服饰文化的博大精深，更感到自己才疏学浅，论述如此重大的课题，确实感到心有余力不足，担心令读者失望。笔者只有一份热切之心，尽自己所能，希望对读者有所裨益。至于本书能否达到理想的深度、逻辑是否缜密，作者深恐难以尽如人意。

随着全球经济一体化的快速发展，中华民族上下五千年的灿烂民族服饰文化，正以令人悦目的风姿款款地向世界展现，使我们每个中国人深深地体会到，中国民族文化及中国民族服饰对中国乃至全世界服装业的发展有着重大而深远的影响。作为一名服装专业研究者，有责任和义务对中国民族服饰文化作进一步探讨，取民族服饰之精华，如款式、色彩、图案、工艺等元素，为己所用，完善设计，只有这样，我们才能充分理解这些丰富的传统艺术精髓，从而为现代服装设计和艺术创作等提供取之不竭的灵感源泉！

目　　录

第一章　少数民族服饰文化概述

服饰是伴随物质文明的发展而出现的物质文化与精神文化的结合体，是关于人类自身的外表装饰造化与最早的物化形式，它不仅是人类物质文明的结晶，同时又具有丰富的精神文化内涵。它是以人类全部的穿着方式以及衣装、饰品等物质的东西作为载体，反映着人类从物质层面享受到装饰的益处，又从精神层面获得心灵的慰藉，是人类文化的重要组成部分。如人们的生活习俗、道德风尚和审美情趣以及其他种种文化心态、宗教观念，等等，都积淀于物质的服饰中，是反映人们普遍存在的一种心理状态和民族精神实质的文化形态，这也就是服饰文化的精神内涵。可以说，服饰文化是民族文化的一面镜子，人们可以通过某一民族外在表征的服饰透视其历史发展、社会习俗、宗教信仰，进而折射出该民族深层的文化心理。

第一节　少数民族服饰文化的特征

中国是一个统一的多民族国家，各民族的形成，经历了 2000 多年的分化或融合过程。在历史上有多种信仰，有敬天尊祖的基础信仰，又有佛教、道教、天主教和基督教等宗教信仰，还有大量的民间宗教信仰和随处可见的宗教风俗。只是这些信仰庞杂，正式教徒人数较少，知识分子受儒学熏陶，信仰的理性化倾向强烈，文化上有"和而不同"的传统，历代政府大多实行比较宽容开放的宗教政策。由于以上种种原因，中国人的信仰便形成了信仰种类繁多、世界宗教与本土宗教并存、汉族信仰与少数民族信仰反差甚大等特征。由于服饰是人类文化的显性表征，在直观形象的服饰及其质料、形制、色彩、结构上面包含着丰富的文化内容，因而少数民族宗教信仰在民族服饰研究中是不可缺少的一环。从现实的情况来考察，我国少数民族服饰文化具有下列几个方面的特征：

一、民族服饰文化内容丰富，信仰上呈现出多元化的特征

中国地域辽阔，民族种类繁多，是由 56 个民族组成的大家庭。由于地理环境的差

别、气候条件的多变，自然形成了不同环境的生存状态，因而产生不同的审美和装饰形式。又由于民族的迁徙、历史的延伸、文化的交流融合，促成不同的生产生活方式和不同的宗教意识，这些因素都对民族服饰产生了深远的影响。除汉族外，55 个少数民族虽然人口少，但分布的地区却很广，约占全国总面积的 64.3%。在这些少数民族中，有些民族分布地域十分广阔，又具有众多的支系，如苗族按自称、语言、服饰、地域可分为湘西黔东支系、施洞支系、榕江支系、芭莎支系、黄平支系……据吴荣臻等编著的《苗族通史》记载，仅贵州苗族就有 82 个支系，且各支系服饰各具特色。这样一来，不但不同的民族具有不同的服饰，仅是同一民族内也因支系的不同而具有不同的服饰，使得我国少数民族的服饰多姿多彩，服饰文化内容丰富，有取之不尽的服饰资源。

在民族宗教信仰上，少数民族中不仅有伊斯兰教、佛教、基督教、道教等大的宗教形式，还有一些少数民族有着自己独特的原始宗教信仰。由于民族众多，发展各异，少数民族宗教信仰的种类和层次比汉族更加繁多齐全，具有多元化的特点，既有中国本土的敬天法祖的传统信仰和道教，又有从国外传入的世界三大宗教——佛教、伊斯兰教和基督教，而且佛教的三大派别：汉传佛教、藏传佛教、上座部佛教，以及基督教的三大派别——天主教、基督新教和东正教，在中国少数民族中都有信仰群体，它们往往通过程式化的仪式生活使民族的宗教意识、价值观念、审美情趣和艺术情操等不断加强，世代相传，深深地渗透到民族的血液之中，并对民族服饰带来了深远的影响。有许多大的民族早期宗教信仰和后期不同，有的民族是一族一教，也有的民族是一族多教，还有的是多族一教。另外，同一宗教传播到不同民族地区便会受到不同民族文化的影响，从而具有不同的民族特色，在服饰上也会呈现出不同特色，因此情况相当复杂。从宗教的层次类别上说，少数民族宗教既有体制化的创生型宗教，又有属于原生型宗教的萨满教和东巴教，还有许多残留的原始宗教信仰，可以说少数民族宗教是一个宗教百花园，其中对民族服饰影响最大的是原始宗教、佛教、伊斯兰教，其次是中国的本土宗教道教。

二、民族服饰风格多样，且民族信仰具有广谱性

由于自然环境的差异和民族风俗习惯、审美情趣的不同，中国少数民族服饰显示出北方和南方、山区和草原的巨大差别，表现出不同的风格和特点。中国的自然条件南北迥异：北方严寒多风雪，森林草原宽阔，分布在其间的北方少数民族多靠狩猎畜牧为生；南方温热多雨，山地峻岭相间，生活在其间的少数民族多从事农耕。不同的自然环境、生产方式和生活方式，造就了不同的民族性格和民族心理，也造就了不同的服饰风格和服饰特点。生活在高原草场并从事畜牧业的蒙古族、藏族、哈萨克族、柯尔克孜

族、塔吉克族、裕固族、土族等少数民族，穿着多取之于牲畜皮毛，用羊皮缝制的衣、裤、大氅多为光板样式，有的在衣领、袖口、衣襟、下摆镶以色布或细毛皮。藏族和柯尔克孜族用珍贵裘皮镶边的长袍和裙子显得雍容厚实。哈萨克族的"库普"是用驼毛絮里的大衣，十分轻薄且保暖。他们的服装风格是宽袍大袖、厚实庄重。南方少数民族地区适宜种植麻和棉花，因此麻布和土布是衣裙的主要用科。尽管所用工具大多十分简陋，但织物精美、花纹绮丽。因天气湿热，需要袒胸露腿，衣裙也就大多短窄轻薄，其风格多生动活泼，式样繁多。总之，风格上多种多样，不同的个性十分突出，这构成了中国少数民族服饰文化的另一个特点。

各民族在神祇的信仰上，具有相当的广泛性。在我国，每个少数民族同宗教都有着密切的联系，其信仰宗教的人口比重比汉族大得多，而且宗教观念和情感又比较专一和虔诚；而汉族中的正式教徒人数较少，民间信仰繁杂。除汉族外，在55个少数民族中，有回族、东乡族、撒拉族、保安族、维吾尔族、哈萨克族、柯尔克孜族、塔塔尔族、塔吉克族和乌孜别克族共10个民族信奉伊斯兰教；藏族、裕固族、土族、蒙古族、门巴族和部分珞巴族、纳西族、普米族、怒族等少数民族信奉藏传佛教；大多数傣族、布朗族和部分阿昌族、德昂族信奉上座部佛教；朝鲜族、羌族、彝族、苗族和瑶族及滇西各少数民族中的一部分人还信仰基督教或天主教；满族和鄂温克族、鄂伦春族、锡伯族、赫哲族、达斡尔族等中的一部分人信仰萨满教；壮族、瑶族、白族、彝族、京族、仫佬族中一部分人信仰道教；此外，阿昌族、彝族、白族、壮族、瑶族、佤族、侗族、纳西族、畲族、普米族、黎族、珞巴族、傈僳族等多个少数民族，还信仰本民族固有的传统宗教。

三、民族服饰文化内容具有层次性，且民族宗教信仰对各民族生活影响较大

由于各种历史、地理、政治、经济的原因，中国少数民族直到20世纪中期，仍处于不同的社会发展阶段，拥有不同的生产力水平，由此带来的差异十分深刻，至今仍未能完全克服，因此少数民族服饰中所表现出来的文化内容具有明显的层次性。如被民族学者称为"一部活的社会发展史"的云南省，可以作为典型的代表。1949年前，在云南25个少数民族中，白族、回族和部分彝族中资本主义因素发展程度相对较高；广大的壮族、哈尼族、纳西族、白族、彝族等民族，都已进入了封建地主制阶段；傣族进入了封建领主制阶段；小凉山彝族是比较典型的奴隶制阶段；而相当一部分少数民族如基诺族、布朗族、景颇族、独龙族、怒族、部分傈僳族、佤族等却仍然停留在原始公社末期；至今，永宁纳西族(摩梭人)仍保留着母系制残余。在别的少数民族聚居区域，这种情况也不同程度地存在，只不过不像云南省这样完整和典型而已。可见，少数民族服

饰所反映出来的文化内容具有层次性。同时，这一层次性还决定了少数民族服饰文化的层次性。由于历史的原因，少数民族宗教的民族性比汉族强烈，宗教在民族生活中的影响比汉族大得多。在许多少数民族地区，宗教气氛比较浓厚，宗教文化代表着他们民族的特色文化，宗教感情密切联系着民族感情，宗教领袖往往是本民族中威望较高的人。他们在长期的共同社会生活中，形成共同的信仰、习俗、心理、语言文字、行为模式和族群认同。

宗教作为民族文化中精神信仰的要素，对于民族的道德心理和生活方式有着重要的影响；尤其对于那些信仰比较虔诚的民族，宗教信仰不仅支配着他们的思想感情世界，宗教礼俗还普遍渗透到他们日常生活的各个层面，如少数民族的文学、史学、哲学、艺术、医药学，乃至平时的生活方式等。当然，在少数民族服饰中，同样到处都可以感受到宗教的鲜明烙印。当这些少数民族进行特有的宗教、祭祀等活动时，活动主持人或者称为巫师，往往穿着最能显示本民族宗教信仰特色的服饰来表达自身的信仰或者希望能够更深入地与所信仰的对象进行沟通。而这些服饰的式样、色彩、纹样等对该民族的日常服饰往往有着深远的影响。不仅如此，在有些民族和地区，宗教文化对服饰的影响已经不仅仅局限于通过服饰装扮这种形式模仿所信仰对象来表达自己虔诚，有时他们甚至将与宗教有关的故事融入服饰文化中，从而大大增加了服饰文化的内涵。正如英国美学史家李斯托威尔指出："宗教虽然不等于艺术，但它对艺术的影响，却是深刻的、无所不至的。"[①]在民族服饰中，每个民族的生产方式、风俗习惯、宗教礼仪、地理环境、气候条件、艺术传统，等等，无不折射到他们的衣冠服饰上面。

第二节 少数民族服饰文化的内涵

服饰是人类生活的重要物质资料，由于它不可缺少的实用价值和日益增长的欣赏价值，使其成为民族文化的重要载体。人们通常把不同风格的民族服饰看作不同民族的重要标志，甚至当作某种意义上的"族徽"。因此，各民族服饰都具有各自鲜明的民族特色，且古朴、独特，凝聚着很深的民族精神、气质与情感，其文化内涵主要体现在以下几个方面。

一、服饰反映民族生活方式

生活在高寒地区的藏族同胞，气候变化要求其"早穿皮袄午穿纱"，但是劳动环境和

---

① ［英］李斯托威尔：《近代美学史评述》，蒋孔阳译，上海译文出版社 1980 年版，第 120 页。

物质条件又不允许其一日三换装，于是绝大多数劳动群众便一年四季身穿皮袍：为干活方便，可以脱下右袖或袒露上身，把皮袍系在腰间；天热时毛皮朝外穿，天冷时毛皮朝里穿；袍子很长很宽，躺下休息或睡眠时铺的盖的全都有了。藏族、蒙古族、哈萨克族等少数民族牧民，多穿长筒靴，它一方面可以防寒，另一方面又可以防止骑马奔驰时磨坏小腿肚；有些靴子里面很宽松，骑者一旦从马上摔下来，靴子被马镫夹住，脚很容易从靴里脱出，免得奔马把人拖伤。

图 1-1　鄂伦春族的狍帽

　　岷江上游的羌族"逐山岭而居"，日常劳动运输多靠人力背东西，加之山区气候多变，所以在麻布长衫外再套一件较长的羊皮背心，毛皮朝里一般不缝面，不是为了装饰而是劳作需要。鄂伦春族的狍头帽子（见图 1-1），其形象与狍头别无二致，很容易使林中野兽上当。猎人们冬季戴的皮手套按手型呈椭圆状，拇指与四指相对，且在拇指端手心面开一横口，既保温又便于持猎枪扣动扳机，这都与他们的狩猎生活密切相关。能用鱼皮缝制衣服的，在我国少数民族中只有赫哲族，这与他们的渔业经济有关，也与他们在旧时代深受剥削压迫的生活境遇相联系。藏族、蒙古族佩直柄小刀与牧民以肉食为主分不开。南方一些少数民族佩带长刀或砍刀，与其在山林荆棘中开道和防野兽毒蛇相关。南方妇女的裙子凡是比较短的或衣料轻薄的，基本上是由于气候较热，也与从事水田稻耕有关，既便于下田劳动又容易晒晾干。

二、服饰具有重要的民族史料价值

　　由于我国少数民族社会经济发展极不平衡，对于一些没有文字的民族，服饰便成了其讲述自己历史的最好佐证，因此从各民族现代服饰中就能看出其服饰发展历史的大致轨迹。正如郭沫若先生在《中国古代服饰研究》序言中所说："服饰可以考见民族文化发展的轨迹和各兄弟民族间的相互影响。历代生产方式、阶级关系、风俗习惯、文物制度等，大可一目了然，是绝好的史料。"[1]通过服饰图案、色彩、款式等可以感受到民族变化发展中经历的大事件、神话传说及宗教信仰等。例如，僮家的服饰男简女繁，僮家妇女上身常穿一件蓝底白花的蜡染衣，从衣领到后襟都布满了精美的刺绣，整个服装主要以红、白、蓝、黑四色为主。外套为铠甲式夹层贯首披肩，看上去如同古代战士的铠甲

---

　　① 　沈从文：《中国古代服饰研究》，商务印书馆 2011 年版，序言。

（见图 1-2），是僳家人认为勇敢、传宗接代的象征，是历史传承的标志。姑娘们头戴象征太阳的串珠红缨帽（见图 1-3），帽檐围一条长一尺二寸、宽一寸的弓形银片，银片中的凸形圆宝为瞄准器，银片外围系上一根丝带，表示弓弦，帽子正中央有一个小孔，插入一根利箭般的银质簪子，银簪顶端粗，尾端细，较锋利，恰似利箭，意为箭已射中太阳。裙子上的图案是先祖征战的历史，绑带和腰带上的图案则是先祖带 9999 个兵打仗的历史等。

图 1-2　僳家妇女服饰

图 1-3　僳家姑娘的红缨帽

在僳家的服饰中，僳家未成年的女孩只戴白箭射日的头饰，而妇女则戴太阳和月亮的头饰。妇女的发饰藏有一个象征太阳的黑色发球，按僳家人的说法：因为它是被射掉的，所以要深藏在头发里。僳家男人头戴蜡染刺绣帽，围上银质双弓箭，意为祖先打仗、狩猎时用的双弓，花带表示弓弦，鸡毛凤尾则寓意箭尾。不爱红装爱武装的僳家人，在独有的服饰上，对弓箭表现得特别充分。僳家人自称是上古传说中射日英雄后羿的子孙，为纪念祖先，将弓箭供于神龛，当作香火，这是有别于其他民族独有的特征，表现出僳家人对弓箭的推崇和情有独钟。

"在中国南方，那些装束不同的苗族人，他们的祖先蚩尤曾经逐鹿中原，而后败走他乡。他们没有文字，无法静修史传，却能够口传古歌、手绣花衣。追寻这些苗族的古根……只需要'读读'穿在每位苗族女子身上的花衣就行了……"①可以说苗族是将历史

---

①　华梅：《服饰与信仰》，中国时代经济出版社 2010 年版，第 54 页。

穿在身上的民族,苗族裙子(见图1-4)上的白色线条、齿纹和白色星点,据说就是他们民族历史上大迁徙的路线。镇宁苗族老人穿的裙子有三种:第一种叫"迁徙裙",有81条横线,分9级,表示蚩尤有9子,每子又有9子,共81子,即九黎部落;第二种是"三条母江裙",表示蚩尤失败后苗族迁徙,过黄河、长江和嘉陵江;第三种是"七条江裙",表示祖先迁徙过7条江河。"星宿花"表示蚩尤和黄帝打仗时,在夜里行军,就靠星宿指引方向;"蜘蛛花"表现了祖先被围困时顽强战斗的精神;"虎爪花"叙述祖先迁徙到深山后打虎的故事,等等。还有居住在我国广西的瑶族的一个分支——白裤瑶,男子裤子上的五条红色线条组成的图案,传说是瑶族英雄为保卫本族,在战争中留下的"血手印"。

图1-4 苗族裙子上的迁徙图案

直到金属材料出现之后,人们才开始用稀少而贵重的金属和珍珠玛瑙类来做首饰,在当今的一些少数民族中,仍可见到原始人类用野兽的牙齿、动物骨头、角以及贝壳和石料甚至还有竹、木等制成首饰的遗迹。另外,在研究民族服饰发展演变的过程中,能很明显地看到该民族经济文化发展的历史轨迹。

三、服饰是民族工艺的镜子

由服饰可以看出纺织、印染、熟皮、缝纫、裁剪、刺绣、首饰加工等工艺水平。我国许多民族有刺绣工艺,以苗族为例,其技法有平绣、编绣、辫绣、结绣、卷绣、刺字、挑花、贴补等十多种。在纺织工艺方面，我国著名的织锦有壮锦、土家锦(西兰卡普)、苗锦、侗锦、黎锦、傣锦及藏族的氆氇等。

图1-5　苗族妇女银凤冠

　　注重装饰、首饰及佩饰，是我国少数民族服饰的重要特点，因此在饰物制作上能反映出少数民族服饰卓越精湛的工艺水平。以苗族妇女的银饰为例，根据佩戴的部位大致可分为银凤冠、银耳环、银项圈、银项链、银腰带、银手镯、银戒指、银上衣和银围裙等。银凤冠(见图1-5)是由数百朵精致的小银花，扎在半球形的铁丝箍上构成花冠，冠顶中央插一只银凤凰，凤凰两侧各插1~4只形态不同的小银鸟。银凤冠正面扎挂三块长短不同的银牌，银牌下缀银菱角或银喇叭花，银牌上各打制有双凤朝阳、二龙戏珠、鸟语花香、蜻蜓起舞等图案。银凤冠后面有三层尾带状银片，最外层尾带有8片，带有象征长寿富贵的图案。整个银凤冠在装饰之后，完全掩盖了铁丝箍，戴在头上前额齐眉。冠重1~2公斤，纯洁珍贵。有的银凤冠完全以银花银叶鸟兽作装饰，顶上竖月形银色，银角上打制龙凤图案，形象逼真，栩栩如生。

四、服饰是民族文化的载体

　　从服饰可看出年龄、性别、职业、贫富等差别，在这些显见的区别中就包含文化意识。从服饰中还能看出节庆、婚姻、丧葬、崇尚、信仰、礼仪等习俗。各民族在节庆日里都着盛装，在结婚时都有专门的嫁衣和新装，新人与参加婚礼的人有明显区别。以年龄为例，西北回族妇女的盖头，依年龄的不同分为绿、粉、黑、白等颜色。内蒙古陈巴尔虎旗牧区的鄂温克族中，未婚姑娘的长袍肩部不打褶，已婚女子的肩部打褶，呈耸起状。甘肃牧区的裕固族女子头饰，少女梳五或七根长辫，额前扎饰带，上有数根珊瑚串珠；成年姑娘梳三条长辫，戴三条长头面，头面上镶嵌银饰、宝石、珠贝等；已婚妇女头戴卷边尖顶、顶端有红缨珞的毡帽。四川凉山彝族少女，15岁前穿红、白两色横接百褶裙，梳单辫；满15岁时行成年换裙礼，改穿红、蓝、白三节拖地长裙，梳双辫挽于头上，戴花头帕、银耳坠等。这种依不同年龄来装束的习俗在各民族中很普遍。

　　审美观点和民族喜好在服饰上也有充分反映。许多民族以富贵为美，因而很重视服装面料的质地、价格及首饰的珍稀和华贵。除前文已论及的苗族银饰外，侗族有纯银制成的花帽，上有"十八罗汉像"和18朵梅花，两鬓处有银月，正中处有双龙戏宝，帽檐处有水波云朵等图案，银光闪闪，这与侗族的"银饰越多人越美"的观念相一致。青藏高原上有些藏族同胞的服饰一套价值数万元，有的甚至高达 20 余万元。新疆各民族都有以贵重的金银首饰和精美的刺绣衣帽打扮自家姑娘的习俗。朝鲜族喜欢纯洁的白色，彝族喜欢庄重的黑色，藏族崇尚土红色和蓝靛色，白族崇尚鲜亮的色调，蒙古族喜好白云蓝天的明朗，天山牧场的哈萨克族与柯尔克孜族喜欢用草原上的花草纹、羊角纹、双马图、贝母花纹、葡萄纹、牛角纹等刺绣图案。这些喜好与各民族的生活环境、价值取向有关。

五、服饰是宗教文化的载体

在民族服饰中，拥有一种崇高或神秘的意味。究其所包含的文化内容，大多与原始自然灵物崇拜或某种宗教信仰有关，相当一部分直接就是某种自然崇拜或宗教信仰的"遗留"。特别是在原始宗教仪式或巫术中，服饰就是最好的祭物或法器。在服饰所反映的自然崇拜中，有图腾崇拜、祖先崇拜、鬼神崇拜、英雄崇拜等，如凉山彝族尚黑，作为统治阶级(等级)的黑彝，男女老少皆着一身黑衣。尚黑源于彝族的图腾崇拜，传说彝族的先祖是一只黑虎。凉山彝族服饰中有虎头童帽，男子上衣襟边绣有"虎""豹""鹰""龙"四个古老的彝文字。这四种动物都是彝族过去所崇拜的。彝族还崇拜火，其重要节日"火把节"就与火崇拜有关。云南石屏一带彝族女装上绣有火焰纹图案。云南楚雄大姚一带的彝族崇敬马缨花，当地妇女的上衣和围腰上多绣满马缨花图案。基诺族崇拜日、月，男女上装的背后分别绣着日月图案等。

宗教信仰对服饰的影响很大，除宗教职业者拥有与世俗完全不同且不允许混同于世俗的服饰外，宗教对民间服饰的影响也很明显，例如西北穆斯林戴的小白帽，藏族同胞的胸前几乎都带有制作精美的护身符盒，蒙古族牧民身上大多带有佛像等。

六、服饰体现出各民族文化间的相互影响

各民族间在服饰文化上的影响与交流，是民族间交往过程中必然会出现的文化渗透现象。居住在同一地区的各民族间，很容易出现这种情况。甘肃青海地区的回族、保安族、东乡族、撒拉族等民族的服饰有很多相同之处。湘西苗族与土家族服饰有相似处。黔桂交界处的苗族与侗族的妇女首饰有许多相同处。云南迪庆地区的纳西族和藏族的毛皮服装基本相同。四川阿坝地区的羌族服装有一部分与相邻的藏族相同。住在云南通海杞麓湖畔的蒙古族，因已南迁七八百年，其妇女的服饰与如今住在内蒙古的蒙古族妇女

不完全相同，她们的着装方式明显地吸收了当地彝族女服的特点。新疆博尔塔拉草原上的蒙古族牧民，其服饰已接近于周围的维吾尔族，尤其是妇女大多披头巾，穿西式裙，而不是过去的长袍腰带。锡伯族的祖居地是东北，现在新疆的锡伯族年轻妇女已不再穿老式长袍，而喜欢穿束腰连衣裙，戴头巾，显然吸收了维吾尔族和哈萨克族等民族服饰的特点。

历史上各民族的服饰文化交流也是普遍现象。最著名的故事要数战国时期赵武灵王实行军事改革、提倡胡服骑射。蒙古族的服饰对女真人影响很大。17 世纪初女真更名为满洲，满族的红缨帽、马褂、套裤、云肩等，都是受到蒙古族服饰影响发展起来的。而在清代，满族服装尤其是贵族的服装，又对蒙古族及其他一些民族有很大的影响。

第三节　少数民族服饰文化与宗教信仰

在中国民族服饰文化中，服饰最早的功能之一就是进行宗教祭祀活动，同时也是模仿所信仰对象，来表达自己的敬意和崇拜的一种必不可少的手段。由于各民族有各不相同的原始宗教，因此民族服饰带有明显的宗教色彩。服饰的灵感常常源于多神崇拜、图腾崇拜等宗教观念，不同的宗教信仰对各民族的服饰有着不同的影响。对于服饰有直接规定的宗教影响力更加深远。因此，宗教信仰对服饰文化有着引导和制约的作用，且对民族服饰的影响是整体的，并不局限于一款一色。形式上的继承很容易被取代与更新，深层的思想意识上的影响才是最重要的。虽说当今的社会不是人人都信仰宗教，然而在人们的服饰中却仍然可以寻找到宗教的痕迹，这种痕迹虽说有的已脱离了宗教，但我们却不得不承认其象征性的含义仍然存在。另外，服饰又服务于宗教，作为宗教文化的一部分，有其严格的规范。宗教服饰作为宗教的形象标识在宗教中占有特殊的地位，为宗教的发展作出了不朽的贡献。

一、服饰的标识性功能在宗教中被充分利用

服饰的标识性功能在宗教中被充分利用。宗教信徒在社会中作为一个特殊的群体，有着特殊的世界观和与众不同的生活准则，因此，每一种宗教都有自己的服饰要求，以此在形象上区别于一般人。这种服饰规范一旦作为制度确定下来就很难改变，需要严格遵守，这种规范几乎不受流行因素的影响，所以在服饰上很容易区分不同的教派。如道教中有专门的道服、道冠、道巾与鞋袜；佛教中有专门的袈裟，其中又有"五衣""七

衣""大衣"之分，是各种场合中不同款式的法衣；基督教中有圣衣、主教冠，等等，这些都是宗教专职人员的特有服饰。有的在服饰颜色上也有规定，如"袈裟"（梵文 kasaya）的原意就为"坏色、不正色"，具体指青（铜青）、泥（皂）、木兰（赤而带黑）三色。

二、服饰是宗教思想的载体

少数民族宗教服饰是特定宗教信仰的产物，具有多种形态类别和丰富的文化内涵。每一种宗教都有自己严格的服饰规范，这种规范不仅成为宗教各派的标志，而且是宗教思想的载体。如道教中的道褂，在右腋有两条飘带，表示飘飘欲仙的意思；在法衣上绣有日月星辰、八卦、郁罗萧台等道教的吉祥图案，在鞋帮上绣有云头图案，以示超凡脱俗。再看这些道服之号，如月披、星巾、霓裳、霞袖等，无不体现了与日月同在、与天地合一的宗教思想。佛教中的袈裟，之所以要染坏色，其原因是为了"僧俗有别"，"不求美丽"，"去爱美之心"，"杜防典卖"，"息盗贼夺衣之念"。由于宗教服饰承载着宗教思想，承担着教化于人的作用，故作为仪规，宗教服饰在继承上远远超过创新，从而更突出了形象的标识作用。

三、服饰是宗教仪式的重要组成部分

宗教服饰寄托着教徒无限的宗教情感，在各种宗教仪式中服饰总是重要的组成部分，并且不同的宗教仪式、不同的身份都有不同的服饰要求。如道教中的道袍是宗教活动的礼服；戒衣是道士受戒时穿的服装；法衣是宗教大典时方丈所穿的服装。再如佛教中的"五衣"是平常起卧用的；"七衣"是听经诵经、大众集会时用的；"大衣"是说法、论辩、面见君王重臣时用的，等等。在所有的宗教活动中以宗教仪式主持人的服饰最为突出、最为讲究，它是地位、威严的象征，是凝聚力、号召力的象征，是联系神与人的纽带，从某种意义上说，它就是神的象征。

四、宗教服饰对各民族服饰具有引导作用

宗教服饰是专门为参与宗教活动（如宗教仪式、宗教歌舞）而穿戴的衣裳、鞋类、头饰、配饰、面具及装扮的妆容、纹饰等。另外，宗教中常见的一个概念是"法器"，其也称"道具"，是宗教服饰中不可忽视的部分。在各类宗教活动中，宗教服饰是不可

或缺的因素，活动的主角因为服装而转变身份，服装因为人而增加神力。在宗教仪式中，主持者必须经过特别的装扮，才能成为神灵的代言人，起到引导和沟通的作用。宗教服饰从头到脚的每一部分都具有特殊的含义，无论是服装的材质、颜色，还是造型、图案都显现出一种"神圣"的意味。这种意味在信徒心里转化成一种特殊的美感，影响着世俗生活的各个方面，藏传佛教对僧人的装束有明确的规定，比如在颜色上要求青如蓝靛，赤如土红，紫红如木槿树皮。由于信徒对宗教的虔诚和对宗教领袖的崇拜，民间不少妇女及老人的着装就体现了与此相同的色彩偏好。

五、宗教文化对服饰发展既有积极推动作用，也有消极抑制作用

"宗教具有整合、凝聚、认知和规范行为等功能。宗教既有积极的功能，也有消极的功能。……宗教不盛则已，一旦宗教为全社会所接受，不仅约束全社会成员的行为，而且整个社会的政治、经济、生活方式均受其影响、控制。"①

一方面，宗教文化的传播对促进各民族文化的交流作出了不可磨灭的贡献，也对服装的交融起到了积极的作用。如伊斯兰教在公元8世纪初传入印度，对印度的服饰形成了直接的影响，至今印度有些地区的妇女仍然使用伊斯兰妇女惯用的能裹住头、肩的大围巾。佛教在中国的传播，不仅带来了佛教教义，也带来了佛教艺术及异地的服饰风貌，且为盛行佛教的唐朝在服饰上提供了开放的空间，丰富了中华民族的服饰文化。

另一方面，宗教信仰对民族服饰则有直接的规定，对服饰的发展起到消极抑制作用。如信仰伊斯兰教的回族、东乡族、撒拉族、保安族等民族，服饰文化中宗教印记十分鲜明。穆罕默德曾对教民说："你们宜常穿白衣，因为白衣最洁最美。"因此，回族、东乡族等民族一直崇尚白色，帽子、盖头、衫衣甚至裤子都喜欢用白布制作。就是有人"无常"(即去世)，"埋体"(即尸体)也都用白布缠裹，以示"清白一身而来，清白一身而去"。回族男子头上戴的白色或黑色无檐小圆帽，称"号帽"，亦称"礼拜帽"，原是做礼拜时戴的，现在平时也戴，而且成了他们服饰上最显著的特征之一。号帽也与伊斯兰教有关。因为伊斯兰教的"五功"之一——拜功，要求礼拜者的头部不能暴露，必须遮严，磕头时前额和鼻尖要着地。不戴帽子礼拜不符合教义规定，而戴有檐的帽子礼拜时，前额和鼻尖又无法着地，因此只有无檐的小帽才能兼顾各方面的要求。

由于伊斯兰教义反对偶像崇拜，在回族人的衣饰上，不准有人像图案出现，在颜色方面，一般是黑白两色搭配，形成了黑白服色文化观。伊斯兰教对装饰品也有自己的要求：反对过度装饰，反对文身、戴假发等改变真主原造的装饰。在具体要求上还有男女

---

① 何星亮：《宗教信仰与民族文化(第一辑)》，社会科学文献出版社2007年版，第2~3页。

之别：伊斯兰教允许妇女穿戴丝织品和金银首饰，对于男子则不主张穿着此类女性服饰，认为这有损于男性的阳刚气概；它还反对妇女穿透明的或不能遮盖大部分肉体的服装，反对男子穿大红大绿的衣服。在我国西北地区的回族、撒拉族、东乡族等信仰伊斯兰教的群体中，礼拜时身着黑色长袍、头戴白色无檐帽，既体现肃穆庄重，又不失协调美观。青年妇女披绿纱巾，中年妇女披黑纱巾，老年妇女披白纱巾，衬托不同年龄的女性的气质之美。

六、宗教文化为民族服饰研究提供了可靠依据

宗教是一种复杂的社会现象，其所包含的信仰系统和仪式系统都具有多变性。因此，宗教作为人类的精神力量，作为一种心理需要，以及一种了解、把握世界的方式，不仅是一种文化现象，而且是一种形态极为独特的文化现象，与文化密不可分，是民族服饰文化的重要组成部分之一。各派宗教服饰发展至今，虽说也有些变化，但总体上还是明显地保持了古人的形制，特别是道士的道服、冠巾、靴履，无论是从名称还是形制上，都可以看到古代服装的痕迹。另外，宗教艺术中保留下来的大量雕塑与绘画，为服饰的研究提供了可视性的依据，如印度犍陀罗艺术、中国的敦煌艺术、中世纪及文艺复兴时期的基督教教堂中大量的壁画以及当时宗教题材的绘画作品，都为研究当时的服饰提供了翔实的资料。

宗教作为古代人观天测地、鉴古知今的世界观的一部分，是无所不包的。在相当长的时间内，人们的人生价值、道德观念，以及各种节日和禁忌、风俗人情等，无不受到宗教的强烈影响，这种影响渗透到社会生活的各个领域，积淀为超稳定的文化心理，根植于各民族的精神家园之中，在不同时代和不同条件下，以各种形式展现出它颇具能量的作用，支配着人们的价值取向和社会行为。因此，要了解一个民族文化的精神内涵，就要了解一个民族深层的东西和生活习俗，就要研究一个民族的宗教，就要对一个民族的宗教有一种科学的理解。

第二章　原始崇拜——民族服饰中的精神来源

少数民族的原始宗教信仰与各民族的生活与文化风俗有着密切联系。在原始社会，少数民族先民多生活在崇山峻岭、交通闭塞的边陲地带，生产力的低下，使人们对于自然界千变万化的现象和由此产生的灾难、危害迷惑不解。由于不能主宰自己以及周围的环境，于是，恐惧与希望交织在一起，对许多自然现象作出歪曲的、颠倒的反应，把自然现象神化，认为在他们周围的各种事物中存在着一种超自然的力量（见图 2-1），主宰着人类的一切，他们不仅认为人有灵魂，而且认为自然界中的万物都有灵魂，于是人们的头脑中就产生了鬼魂和神灵。先民们认为只有对灵魂顶礼膜拜，才能消灾避祸，同时怀着敬畏、讨好、驱逐的复杂心理，人们开始通过各种巫术或祭祀活动来与他们沟通，这就是自然崇拜产生的原因；先人的灵魂成了他们怀念与祈求的对象，形成了祖先崇拜；当人类无法解释自身的生育现象时，又形成了生殖崇拜。因此，其信仰之表现形态多为植物崇拜、动物崇拜、天体崇拜等自然崇拜，以及与原始氏族社会存在密切相关的生殖崇拜和祖先崇拜等。同时，为了求得安宁和生存，减少灾害，产生了对万物的崇拜和敬畏祈福思想。由此他们会杀牲拜神、驱邪祈福，祈望通过对神、图腾、祖宗的祭拜

图 2-1　西江千户苗寨晒谷场上的图腾柱

来保护自身、家人和部落。各族在进行宗教、祭祀等活动时，巫师或领头人往往穿着最能显示本民族神灵崇拜特色的服饰，而这些服饰的式样、色彩、纹样等，成为少数民族服饰上的精神来源，且对少数民族服饰产生了不同程度的影响。

第一节　原始崇拜的主要形式

原始宗教在发展过程中，崇拜的对象首先是人赖以生存的东西，不论是大自然崇拜，还是动植物崇拜，都准确无误而又十分突出地反映出这一点。恩格斯在引用费尔巴哈的话时说："一个部落或民族生活于其中的特定自然条件和自然产物，都被搬进了它的宗教里。"①由其崇拜形式来看，原始宗教可分为两大类：一种是对自然力和自然物的直接崇拜，另一种是对精灵和鬼魂的崇拜。前者有直观形象，后者则完全靠幻想。相信万物有灵和灵魂不死，是原始宗教的思想基础。在广大少数民族地区，宗教信仰种类繁多复杂，给人以"百家争鸣"之感。由于社会发展水平不同，宗教发展也不平衡，从原始宗教到神学宗教，多种宗教形式并存，形成了各有特色的宗教文化圈。在这种思想基础上建立起来的宗教，是一种崇拜对象极为广泛的宗教。具体来说，原始崇拜主要有以下几种形式：

一、自然崇拜

自然崇拜，就是对自然神的崇拜，把自然物和自然力视作具有生命、意志和伟大能力的对象而加以崇拜，这是最原始的宗教形式。它包括天体、自然力和自然物三个方面，如日月星辰、山川石木、鸟兽鱼虫、风雨雷电、动植物等，这是人类依赖于自然的一种表现。在原始人的眼里，自然界具有至高无上的灵性，这种灵性往往能主宰人类的命运，改变人们的生活。因此，在不能征服和认识它们的时候，只能把它们当作有生命力的神灵加以顶礼膜拜。这种对自然力的崇拜，直接表现为对自然物本身的崇拜。原始人类通常把自然力拟人化，赋予自然力以形体，就像传说雨有雨师、风有风伯、雷有雷公、云有云神一样。实际上，自然崇拜是原始人的一种自发宗教，而这种宗教又没有固定的形式，因为当时人类只凭着极不发达的思维观念和微妙的实践经验，去观察周围庞大的、神秘的世界，又因为自然界是人类生存和依赖的基础，所以对于凡是不可理解的自然现象，人们都会将其作为自己崇拜的对象。费尔巴哈在论述宗教的本质时曾说："人的依赖感是宗教的基础，而这种依赖感的对象，亦即人所依靠，并且人也为自己感觉到依赖的那个东西，本来不是别的东西，就是自然。自然是宗教最初最原始的对象，

---

① 《马克思恩格斯全集》(第47卷)，人民出版社2004年版，第416页。

这一点是一切宗教和一切民族的历史所充分证明的。"①可见，产生这种现象的原因是由于原始生产力低下，大自然一方面给赖以生存的人类提供一切物质资料和条件，另一方面又会给人类带来巨大的灾难，自然崇拜就是这一矛盾冲突的产物。保持着自然崇拜的民族有：基诺族、德昂族、拉祜族、傈僳族、珞巴族、怒族、羌族、彝族、侗族、毛南族、哈尼族、畲族、高山族等。

二、鬼魂崇拜和祖先崇拜

鬼魂崇拜和祖先崇拜是各族先民在社会发展到一定时期的产物，是人们意识复杂化和感情丰富化的必然结果。在原始社会里，一般是先有鬼魂崇拜，然后才有对祖先的崇拜。原始人以为灵魂总和肉体结合在一起，只有做梦和重病时才离开肉体，与人的祸福无关的鬼魂是脱离开肉体的灵魂，可以附着于其他东西上，甚至可以变形，鬼魂有它们自己生活的独立于人世的世界，但又可以和人世发生关系，一般人要与鬼魂联系必须通过一定的中介或仪式。鬼魂是可以帮助或危害人世的某个群体，所以人们崇拜它。鬼魂崇拜首先表现在葬礼和葬法上，保留尸体的葬法是为了使鬼魂有个长久的栖息处，消灭尸体的葬法则是使鬼魂尽快脱离肉体的束缚，尽早到同族的死者那儿去团聚。祖先崇拜是鬼魂崇拜的发展。除鬼魂观念之外，血缘亲情观念也使人们相信祖先的鬼魂会护佑子孙后代。所以祖先的鬼魂(魂灵)就被后人当作善灵来尊崇。祖灵往往又衍化成地方守护神而受到崇拜。保持着鬼魂崇拜的民族有景颇族、苗族、侗族、布依族、阿昌族、布朗族等；保持着祖先崇拜的民族有拉祜族、苗族、仫佬族、土家族、黎族、布朗族、德昂族、侗族、哈尼族、高山族等。

三、灵物崇拜和偶像崇拜

灵物崇拜的对象是被崇拜者认为具有某种神秘力量的小物件，诸如一小块形状奇特的石头，或是一根树枝，或是老虎爪片、动物眼珠等，其以为带着这些东西可以消祸免灾，可以增强体力和神力。灵物崇拜出现于自然崇拜之后。偶像崇拜的对象是经过人为加工的，即把神灵形象化。如把天然形象有点像人的石头加工得更像人，并作为崇拜的偶像。保持着灵物崇拜的民族有阿昌族、傈僳族、苗族、毛南族、羌族、彝族、畲族、普米族、佤族、土家族等。

---

① ［德］费尔巴哈：《宗教的本质》，王太庆译，商务印书馆2010年版，第1~2页。

四、图腾崇拜

原始宗教的核心就是图腾文化。"图腾"一词来源于印第安语"totem"，将"图腾"一词引进我国的是清代学者严复，他于1903年翻译英国学者爱德华·甄克思的《社会通诠》一书时，首次把"totem"一词译成"图腾"，成为中国学术界的通用译名，意思为"它的亲属""它的标记""它的氏族"，相当于原始人群体的亲属、祖先、保护神的标志和象征。① 1871年，英国人类学家爱德华·佰纳德·泰勒经过研究，最终提出了著名的"万物有灵论"假说。提出"万物有灵"是所有宗教产生的根源。此外，泰勒还认为早期宗教产生的原因就是人们信仰那些存在于动物、植物及非生客体之中的灵魂，即图腾崇拜。

随着万物有灵观念的发展，原始人类自然崇拜的范围扩大，在原始人信仰中，认为人与某种动物或植物之间，甚至是自然现象之间存在着一种特殊的联系。本氏族人都源于某种特定的物种，大多数情况下，被认为与某种动植物具有亲缘关系，于是，图腾信仰便与祖先崇拜发生了关系。在许多图腾神话中，人们认为自己的祖先就来源于某种动物或植物，或是与某种动物或植物发生过亲缘关系，于是某种动植物便成了该民族最古老的祖先，这种物种被认为是其氏族的象征和保护者，因此对其加以特殊爱护并举行崇拜活动。所以，图腾崇拜是一种自然崇拜或动植物崇拜与鬼魂崇拜、祖先崇拜等相结合的原始宗教形式，由原始宗教信仰繁衍而来，是人类原始社会最早的一种宗教形式之一。

图腾主要出现在旗帜、族徽、柱子、服饰、文身、图腾舞蹈等方面。随着历史的发展，有些图腾甚至带有全民族崇拜的特点，但是并非唯一的崇拜物，即一个民族中可能在共同崇拜物之外，还有其他不同的崇拜物。如怒族的图腾有虎、熊、麂子、蛇、蜂、猴、鼠、鸟、狗、野牛；壮族的图腾有水牛、黄牛、鸟、虎、蛙、蛟龙(鳄、犀牛、河马合体)、黄蜂、熊、犬、蛇；黎族的图腾有狗、蛇、龙、牛、蛙、鸟、鱼；满族的图腾有乌鸦、野猪、鱼、狼、鹿、鹰、豹、蟒、蛇、蛙、鱼、鹰；鄂温克族的图腾有熊、鸟、鹿、鹰、蛇等；毛南族的图腾有鸟、牛、狗、蛇、虎；仫佬族的图腾有蛙、大象、蝙蝠、牛、犬；傣族的图腾有牛、鸟、龙(蛇)、象、雄狮、虎；傈僳族有10多种图腾，如虎、熊、羊、鱼、蛇、蜂、鼠、鸟、雀、猴等。

---

① 王勇等：《中国世界图腾文化》，时事出版社2007年版，第1页。

第二节　神话——图腾崇拜的源泉

神话是客观事物在人脑中的一种特别的反映，是人类意识混沌初开而未全开的综合性意识形态，是先民在当时极为有限的条件下无可求证亦无需求证，但能朦胧意会的原始宗教、哲学、科学以及道德、艺术等的混沌体。他们企图解释自然界的一切变化，借助想象力来征服自然，将自然力拟人化。德国哲学家恩斯特·卡希尔说："神话不仅仅是想象的产物。……在人的思维发达过程中，神话起着十分重要的作用。它是对宇宙之谜作出的最初解答。它企图（虽然以一种不完全和不适当的方式）找出万物的起始和原因。因此，神话似乎不仅是幻想的产物，而且还是人类最初求知欲的产物。神话并不满足于描述事物的本来面目，而且还力图追溯到事物的根源。"①台湾学者王孝廉认为："通过神话，人类逐渐步入了人写的历史之中，神话是民族远古的梦和文化的根；而这个梦是在古代的现实环境中的真实上建立起来的，并不是那种'懒洋洋地躺在棕榈树下白日见鬼、白昼做梦'（胡适语）的虚幻与飘渺。"②在人类社会的发展过程中，先民们都对自己所崇拜的图腾进行了神化，而被神化的图腾要么成为人类的祖先，要么就具有神奇的力量，神话与图腾交织缠绕于一体，图腾在神话这个母体中孕育而成，这种被神化的图腾在文明社会中使拥有个人思维的个体——人，重新形成了对图腾的信仰。人们把氏族的一切生产活动和生活活动都融入于图腾的身上，形成了一部部充满传奇、不无夸张的图腾故事，反映了早期人类祖先试图了解自然、控制自然、改造自然的理想和幻想。经过漫长的历史演化，图腾故事愈来愈丰满，愈来愈复杂，愈来愈离奇。如中国西南边陲居住着古老的德昂族，德昂族服饰中最引人注目的是女子腰间的数圈或数十圈藤箍（见图2-2）。传说德昂族祖先是从葫芦里出来的，男人的容貌都一模一样，女人出了葫芦就满天飞，天神将男子的容貌区分开来，又帮助男人捉住了女人，并用藤圈将她们套住，女人就再也飞不了了，从此与男人一起生活，世代繁衍。腰箍是藤篾做成的，也有的腰箍前半部用藤篾，后半部是螺旋形的银丝。腰箍宽窄粗细不一，多用油漆涂上红、黄、黑、绿等颜色，上面还刻着各种花纹或包上银皮。佩带的腰箍越多，做工越讲究，就越显荣耀。恋爱期间那些颇为精心制作的腰箍，可以显示情郎哥的心灵手巧和对姑娘赤诚的爱；成年妇女佩带的腰箍越多，所用质料越高级，则表示她丈夫的经济实力越强和她在家中的地位越高。

---

① 转引自刘锡诚：《象征——对一种民间文化模式的考察》，学苑出版社2002年版，第35页。
② 王孝廉：《中国的神话世界》，作家出版社1991年版，第6页。

图 2-2　德昂族妇女腰箍

　　浪漫主义的手法使人类的想象力得以自由翱翔，于是形成了千奇百怪的形象、离奇古怪的情节、美丽动人的遐想、错综复杂的关系。在整个过程中，万物有灵，大自然人格化，原始思维起着导向的功能。虽然神话的诞生要比图腾晚很多，但是它却成为整个文明社会产生图腾信仰的源泉，它不仅保留了先民的图腾记忆，还是民族文化的灵魂，是巫术言语链的审美再增值。神话常常被人们在较为重大的祭典及节庆仪式上诵述，具有代神传谕之功能，通过原始故事的代代相传，演化为具有审美价值并体现部落群体意识的"神的故事"，产生巨大的精神力量。

　　图腾故事是与图腾相关的宗教仪式不可分割的部分。图腾神话在形成的过程中，相关仪式起了诱导的作用。人们在祭祀图腾时，要通过图腾故事情节夸张地宣扬本氏族辉煌的历史，宣扬本氏族图腾的威力，解释图腾与本氏族祸福的关系。因此，图腾神话宛如一本氏族历史教科书，是本氏族团结的纽带和克服一切艰难困苦以获得生存发展的精神支柱。正因为如此，在各民族的成人礼仪式中，普遍存在向青少年传授神话这一环节。如在白族勒墨人中，要年轻人记住虎图腾神话。出门相遇时，只要虎图腾神话对上了，便认同为虎氏族后裔，视为手足，互相关照，格外亲热。从这里可以看出，图腾神话乃是由于图腾崇拜的存在和需要而产生的。神话的题材十分广泛，包括氏族的起源、人类与动物的来源、日月运行、风雨雷电、火山爆发、洪水泛滥、生老病死等方面的内容。无论哪个民族的神话，不管其内容有着怎样的差异，幻想具有怎样的独特性，都是现实的反映，都反映着人类的生存斗争，主题都不外是与洪水大火猛兽等自然的斗争，都体现着劳动者对掌握自然力的追求与向往。可见，图腾神话产生于原始宗教即图腾崇拜，还可以从图腾形象的来源得到证实。综观我国少数民族神话中的形象，主要有下面几种类型：

（1）自然物型。自然物型的基本特征是自然的形态。包括日月星辰、风雨雷电、各种植物、山峦怪石、湖潭川泉、悬崖洞穴等自然物。如白族的怪石崇拜，高山族的日崇拜，普米族的红珠狗、贝壳狗、石狗、金狗和银狗崇拜，壮族的日父月母星儿女崇拜等。

（2）兽型。全兽型的特点是以现实生活中某种禽兽虫蛇为原型，用拟人化的方法注入灵魂，虽然也间接带有变态的外貌，但基本保持动物的形态，此类实为神兽型。又可细分为三类。一是兽型。此类图腾形象如纳西族的神鹰，彝族的虎、绿斑鸠、蛙、蛇，壮族的犬，侗族的羊，皆与日常所见无异。二是怪兽型。即形象怪异，如壮族的蛟龙有九首，称为九首蛟。三是合兽型。即多兽同体，如壮族的"图额"，其身以鳄鱼为主，兼有河马、犀牛、野猪、蛇等多种动物的特征。

（3）兽人合一型。这类形象的特点是人与动物合体，包括半人半兽、半人半禽、半人半虫、半人半自然物等，以半人半兽、半人半禽为多。此类型又可分为三类。一是上兽下人，如黎族的"雷婆"首面宛如鸡公，身则为人；纳西族的虎头人身、狮首人身和狼头人身。二是上人下兽。傣族的人身蛇尾，纳西族的米利术主为上人身下兽尾。三是人身兽态。整个身体为人，但有动物的神态，或身上的某个部位为动物的形象。如壮族的蛙神为人身蛙形；侗族的雷公为人身、红喙、青脸、尖耳、圆眼、禽足，长有 12 只手和一身硬毛；藏族的五宝蛋英雄神为人身、狮头、象鼻、虎爪、剑发、熊爪、兽尾。

（4）神人型。此类型的特征是其形象常态为人或动植物形状，但它可以变化为几种形象，类似孙悟空的变身术。如纳西族的天女，可变幻为白鹤，阿璐神可变化为白鹰、白虎、白牦牛。壮族的雷公可变化为鸡、猪和马。这类形态已具有图腾崇拜与祖先崇拜的双重基因，是由图腾神话到次生神话的过渡形态。此后产生的次生神话，如创世神话、洪水神话、万物起源神话、社会生活神话等，其中的多数主角已变为异人型。这类形象又分为巨人型和神异人型。巨人型如苗族的神话史诗，《开天辟地》描写了天地是这样产生的：云雾下了两种巨鸟乐啼和科啼，他们生出天上和地下，"天是白色泥"，"像个大撮箕"，"地是黑色泥"，"地象大晒席"，天地刚生下时，"相迭在一起，筷子戳不进，耗子住不下"。后来从东方来的剖帕，他是一位异常伟岸的巨人，力大无比，能挥斧把贴在一起的天地劈开。巨人往吾，用天锅把天地煮成圆形，接着臂力强的巨人"把天拍三拍，把地捏三捏"，天地才变宽，但天地未分开。俯方是异人型，他有两足八手，可以把天地顶开，让人类的生活空间广阔宽敞。[①] 这些巨人、神力异常之人、外貌异常之人，无疑是酋长、祭司、氏族生产英雄、氏族斗争英雄、氏族祖先的综合化

---

① 田兵：《苗族谷歌》，贵州人民出版社 1979 年版，第 1~3 页。

身，源于祖先崇拜，也是原始宗教的产物。

第三节　肌肤上的精神慰藉——图腾文身

文身是图腾崇拜的遗俗，是人体装饰的一种原始形式，也是古来已有的文化现象，与民族传统文化有着密切相关的联系。据历史文献记载，关于文身的称谓就有多种：黥、刺、雕、镂、绣、扎、刻等。与之相关的词语更是丰富多彩：刺墨、雕青、雕题、刺青、刺面、刺额、黥刺、黥面、镂身、镂肩、绣面、绣脚、刻划、点青文身等。即用刀或针等锐器，将图腾崇拜的形象直接刻刺于身体上，擦去血迹后涂上颜料，使之长久保存的一种古老习俗。我国近现代仍施行文身的民族，对文身习俗也有专门的称谓，如傣族称文身为"曼克"（mank）；彝族则把文身叫作"马扎"，在施墨称为"马扎拖"；海南黎族在汉语中把文身叫作"拍面""画面""绣面"，但在黎语中则将文身称为"模欧"（muou）"打登"（tatan）等。

一、文身产生的原因

文身作为一种习俗，最早是作为氏族标志出现的，不仅反映一个人、一个民族原始的审美观念和宗教意识，还反映出人们对自然界的看法以及亲属、婚姻关系、社会组织等多方面的内容，与图腾崇拜有着密不可分的联系。据《淮南子》记载："崇拜龙图腾的吴越人，文身刻画其体，纳墨其中，为蛟龙之状，以入水蛟龙不能害也。"《淮南子·傣族训》中写道："刻肌肤、皮革，被创流血，至难也；然越人为之，以求荣也。"[1]文身习俗历史悠久，曾经盛行于世界各地的许多原始民族中。直到现代，在一些民族中仍有文身的习俗流行。文身在某种程度上反映了人类对于美的追求及在此过程中审美意识的形成与成熟。在我国少数民族中，文身在傣族、黎族、苗族、壮族、佤族、怒族、独龙族、德昂族、布朗族、基诺族、高山族、白族等族中均有存在。其产生原因主要有以下几个方面：

（一）为了避免伤害

文身之习俗在古籍中多有记载，如《汉书·地理志》中称："文身断发，以避蛟龙之害。"应劭注："（越人）常在水中，故断其发，文其身，以像龙子，故不见伤害也"。《后

---

[1]　王勇等：《中国世界图腾文化》，时事出版社 2007 年版，第 54 页。

汉书·西南夷传》中云："（哀牢）种人皆刻画其身，像龙文"。东汉学者高诱注《淮南子》曰："文身刻画其体，内默（纳墨）其中，为蛟龙之状，以入水蛟龙不害也。"①此说与《汉书》的说法一致。这些记载也道出了人们文身的一个重要原因，即为了在生活中避免野兽的伤害。人通过纹饰而装扮成水族，以求得真正的水族成员的"认同"而避免被伤害。通过文身使以图腾为代表的祖先随时与自己在一起，并产生魔力，从而免受外力侵害。文身逐步发展成氏族、部落的符号，同时体现了人类在无法改变命运时寻求一种精神的慰藉，并求得神灵的保佑，这种观念是远古图腾崇拜的反映。

关于云南水傣的文身（见图 2-3），至今流传着类似的传说：在远古的时候，傣族还没有定居，人跟着江河走，靠捞鱼摸虾度日。当时江河里有一条异常凶恶的蛟龙，只要见到水里有白色或棕黄色的东西就乱咬，对人们的威胁很大。傣族的先人们出于自卫，想了个办法，在进入江河时用染料把全身涂黑，但在水里的时间长了之后，身上的染料逐渐被水冲掉，又会遭到蛟龙的伤害。后来，人们想出了用针在身上刺出花纹，涂上黑颜料的方法，这样在水里就不会脱色，从此免遭蛟龙的伤害。

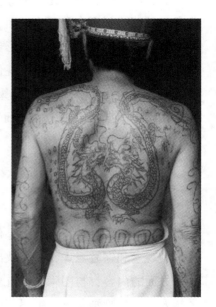

图 2-3　傣族男子文身

在某些民族中，文身曾被用作检验男子是否勇敢和承受痛苦能力的一种手段。文身在某种意义上可以说是一种残酷的艺术，文刺过程中要忍受巨大的痛苦，所以这也成了考验男子是否勇敢、是否有忍耐力的一种方式。而人们一旦经受住了文身的痛苦，将他们所崇奉的图案刻在自己身上以后，他们的心理也会因此发生相应的变化。如身上文了"刀枪不入"的图案或符号之后，他们往往会变得不畏艰险、勇猛无常。这就是心理暗示的力量。

（二）求得祖灵的承认

自古以来，不同民族、不同支系和部落的文身图案各不相同，且不能通用，表示他们或远或近的亲属关系。这也是原始先民"万物有灵""天人同构"心理的一种反映。黎族在我国所有有文身习俗的民族中最富特色，而且其文身习俗持续时间最长。黎族先民认为，祖先的灵魂会依托某种动植物而存在，并具有强大的法力，通过文身，其子孙才能够得到祖先的护佑。刘咸在《海南黎人文身之研究》中提道："祖先因子孙太多，难以

---

① 戴萍：《中国民族服饰文化研究》，上海人民出版社 1994 年版，第 20 页。

遍观尽识，倘不幸祖先不认为嗣孙，则将无所归属，用为野鬼。"①因此，黎族人以蛙、蛇（龙）、鸟等图腾形象刻刺于身体各部位。正如清代《土番竹枝词》描述的那样："文身旧俗是雕青，背上盘旋鸟翼形。一变又为文豹口，蛇神牛鬼共狰狞。胸背斑斓直至腰，争夸错锦胜绞绡，冰肌玉腕都文遍，只有双额不解描。"②词中所述的鸟翼、蛇神文身正是黎族先民崇拜的图腾。今天，在老年的黎族妇女身上仍然可以看到文身留下的遗迹（见图2-4）。黎族普遍认为妇女若不文身，则祖公不认。所以，即使到了现代，未文面的妇女去世时，也要用黑炭在脸上划上几道纹样才能下葬，否则祖公不认，会成为游荡的野魂。

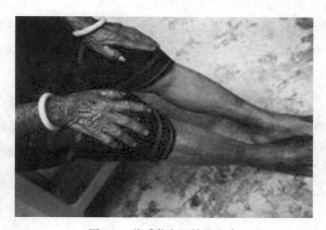

图 2-4　美孚黎老阿婆的文身

在傣族、基诺族等民族中，文身同样也有得到祖先认同的功能，只有文身了，死后才能和祖先相认，不文身则不能相认。彝族文身的墨点较大，墨针过粗，纵横排列，形似龙鳞，据说与龙图腾崇拜有关，也有人认为这是一种葬俗的遗风。

彝族多生活在高寒山区，水源短缺，传说只有文过身的人，死后上天才有水喝。彝族有火葬风俗，或许他们是出于主观想象，认为人火化后其灵魂缺水，一定会口干舌燥，得饮水止渴。当然，文身作为一种徽记，与图腾文身有所区别，不再是氏族的标识，而缩小到仅仅是家庭成员的符号。文身者认为，人死后可凭墨纹针点，在阴间或天上找到自己的亲人。

有理由推断，文身产生的实质用意是为了实行族外婚姻，目的是确保新生氏族成员

---

① 刘咸：《海南黎人文身之研究》，参见《民族学研究集刊·卷一》，上海商务印书馆1936年版，第201页。

② 钟茂兰、范朴：《中国少数民族服饰》，中国纺织出版社2006年版，第242页。

的生命质量，促进氏族不断健康发展壮大。当然，任何原始文化最初常常是处于一种相互交叠、混沌一体的状态，文身的起源同时也包含着图腾崇拜、巫术、审美等不同的动机，但出于对生命繁衍和氏族兴旺的严重关注，毫无疑问，以不同的文身作为区别氏族的标志，达到避免血缘婚的目的，才是文身产生的最主要原因之一。

（三）对美与幸福生活的追求

文身绣面，是古代少数民族先民们对周围世界的一种幻想式的反映，一些奇异花纹、图案的组合，表现了先民们朦胧的审美追求。文身在我们的先人看来，是一种皮肤化妆，如同生活在文明社会里的人们爱穿各种漂亮衣服一样，是借此展现美、表现某种精神。许多民族在与大自然的朝夕相处中，产生了独特的审美观。他们把自己认为美的事物纹在身体上，感受着同一个族群内的人才可以体会到的美感和愉悦。

我国台湾高山族文身的目的之一，也是为了显得华美
（见图2-5）。在泰雅人文身起源的神话传说中，就有以文身为美一说。昔时有一男子对一女子说："你的面貌甚丑，刺面必会转美。"该女允诺，于是那男子便取黑烟在女子面上画花纹，并教授其施术方法。此后，便产生了以文身为美的观念。高山族平浦人"肩背手足皆刺花绣纹熏黑烟，以为美观"。又据传，昔时有两个男子在猎获的俘虏头上刺纹取乐时，发现所刺花纹不褪色，他们认为很美观，便也在自己脸上刺纹。从此又有了男子刺纹的习俗。[1] 泰雅人认为，刺面是一种最讲究的装饰，其美观远胜于自然美。在他们看来，身体刺纹的部位不长毛，不生皱纹，能永久保持青春美丽。《文面·馘首·泰雅文化——泰雅族文面文化展专辑》中指出："女子不但要文面，而且文面的颜色必须黑又亮，甚至

图 2-5 高山族妇女纹面

泛着油光，才有美感"。[2] 陈华文在《试论文身图式——黎族和高山族文身图式及延伸研究》一文中对此进行了分析和总结，他认为文身色彩的美体现在与肤色的明显对比上，浅肤色的人往往选择颜色深的颜料为文身染色，如"在高山族、黎族、傣族等浅肤色民族中，他们选择墨黑色如木炭、锅底灰、植物汁液等作为燃料，以增加文身色彩与肤色

---

① ［日］佐山融吉：《番族调查报告书太么族前篇》，临时台湾旧惯调查会1918年版，第325～326页。

② 阮昌锐、马腾岳等：《文面·馘首·泰雅文化——泰雅族文面文化展专辑》，"国立"台湾博物馆1999年版，第163页。

之间的对比"。①

　　凉山彝族女青年也把文身看作一种装饰。小姑娘七八岁时开始刺墨针，17 岁以后便不再刺。一般是每年刺几个花纹，二至五年刺完。四川昭觉四开等地区的彝族女子普遍文身，多刺于手臂、手腕处，一伸手便显露于众。若某一女子无墨纹，便自觉不完美，于是姑娘们便争相文身。若文身不明显，还要重新刺纹。

　　佤族男女普遍文身，男子多在颈下、胸前、脊背和四肢绘刺花鸟、牛虎图案。佤族男子文身的图案中，最常见的是牛头纹，较常见的还有三角形、十字花点、小鸟、龙虎等，多刺于人的颈下、胸前、背和四肢上。妇女则在颈下、胳臂和腿上绘刺各种形状的花草。佤族普遍认为文身是为了美观。除此之外，佤族喜饮酒、嚼槟榔。嚼槟榔使许多人染成黑齿赤唇，并以此为美。

　　文身还可反映出少数民族青年的婚恋状况。在一些民族中，人们把文身图案是否清晰和美丽与文身者本人的勇敢或美丽相联系，进而影响文身者的婚恋乃至终身幸福。如宋代范成大的《桂海虞衡志》中载，黎族妇女"绣面乃其吉礼，女年将及笄，置酒会亲属，女伴自施针笔"。② 周去非在《岭外代答》一书中记述了黎族妇女绣面时的情景："海南黎女，以绣面为饰。盖黎女多美，昔尝为外人所窃。黎女有节者，涅面以砺俗，至今慕而效之。其绣面也，如中州之笄也。女年至及笄，置酒会新旧女伴，自施针笔，为极细花卉飞蛾之形，绚之以遍地淡栗纹，有晰白而绣文翠青，花纹晓了，工致极佳者。唯其婢不绣。"③可见绣面在当时的黎族还是一种表示身份的美容手段，身份低下的婢女是不能享受的。张庆长的《黎岐纪闻》亦云："……女将嫁，面上刺花纹，涅以靛，其花或直或曲，各随其俗。盖夫家以花样予之，照样刺面以为记，以示有配而不二也。"④这不仅是一种习俗，同样有美的观念存在其中。黎族以绣面文身为美，纹饰清晰者最美。不文面的妇女则被视为容貌不美而无社会地位，更不能入主夫家。黎族学者王国全在《黎族风情》中提出："虽然各支系的纹身图案不一样，但是制纹的共同点是，用点和线组成各种纹身图案。在图腾象征方面也是一致的。例如，纹身各种图案，都是象征女性的美容；脸纹是支系的区别。划于脸部两颊的双线点纹、几何线纹、泉源纹等，称为'福魂'图案；划于上唇的纹，称为'吉利'图案、划于下唇的纹，称为'多福'图案。臂纹中划于手腕上的双线纹，称为'保平安'图案；划于臂上铜线纹，称为'财富'图案。

　　① 陈华文：《试论文身图式——黎族和高山族文身图式及延伸研究》，载《东南文化》1996 年第 4 期，第 78 页。
　　② （宋）范成大：《桂海虞衡志》，商务印书馆 2001 年版。
　　③ （宋）周去非：《岭外代答》，中华书局 1999 年版，第 268 页。
　　④ 钟茂兰、范朴：《中国少数民族服饰》，中国纺织出版社 2006 年版，第 15 页。

身躯上划'田'形纹、谷粒纹、泉源纹等，称为'福气上身'（财富多、子女多）图案。腿纹中划双线纹、挂树枝纹、槟榔树纹等，称为'护身'图案。"①高山族中，在特定部位刺刻特殊图式的人会受到人们的尊敬，有较高的社会地位。泰雅人"族中猎头多次的男性及织布技术超群的女性，有特权在胸、手、族、额刺特定的花纹"，"并可穿用与资格相称的衣饰，以炫耀自己，这种人受社人的爱慕与尊敬，男性则容易就任部落酋长。女性则容易嫁给有势力者。"②可见，高山族中拥有文身权利者、在特殊部位刺刻特殊图式者，或出身贵族阶级或拥有较高的社会地位，文身成为其显示门第出身和社会地位的标志，也作为追求美好幸福的象征。

傣族、白族等通过纹狮、龙等图案以示高贵；纹牛王和咒语以求健康；纹虎、猪大王等以求平安。云南省南部元江沿岸热坝河谷地区的水傣男女，多喜欢在腿、臂、手腕、手背及背部（见图2-6）之上，刺刻上黑色或深色的图案。当地傣语称"尚当夺"。"尚"是刺或戳的意思，"当夺"为全身，"尚当夺"即纹全身。傣族男女的文身有刺写年龄和日期的规定，通常是在五六岁至十七八岁时期刺写，而以五六岁为最佳刺写年龄；刺写日期一般选在五月端阳那天，图案多半是犁、耙等农具和马、狗、鱼、鸟、蜈蚣、雄鸡等动物，有的刺写"十""卐""×""#"等多种不同的符号和梅花、杜鹃花等形状，还有的直接刺写名字，个别年轻女子还在脑门、胸口刺上一个圆点，作为美的点缀。可见，不同民族的人通过不同的文身纹样来表达他们对平

图2-6　傣族妇女文身

安、勇武、好运、健康、美丽等的追求，通过文身的方式在自己的身体上刻下纹样，寄托着他们的一种美好的祝愿。

二、文身纹样创造的依据

文身纹样大多以动植物纹样和各类几何纹样形为主，它们中有些是现实的对象，有

①　王国全：《黎族风情》，广东省民族研究所1985年版，第50~51页。
②　何廷瑞：《台湾土著诸族文身习俗之研究》，载《考古人类学刊》第15、16期合刊，"国立"台湾大学文学院考古人类学系1960年版，第9~10页。

些是幻想的对象、观念的产物和巫术礼仪的图腾。在少数民族的传统观念中，文身的纹样是上天鬼神给予的启示，是通神达灵的符号标记，是具有神力魔法的舞蹈、歌唱、咒语凝练化了的代表，积淀着原始先民们强烈的情感、思想、信仰和期望。其产生的依据主要表现在四个方面：

（一）以图腾形象为创造依据

凉山彝族的点纹，远望似龙鳞，就是以龙蛇为图腾的反映。壮族文身中的蛙纹、鳄鱼纹、蛇纹、鱼鳞纹、云雷纹、虎纹和鸟纹等，就与壮族中不同的氏族祖先尊崇蛙、鳄鱼、龙、蛇、鱼、虎和鸟等各类动物有关，具有图腾崇拜的原始文化内涵。高山族的文身习俗至今仍有保留，他们图腾崇拜的种类比较多，如蛇崇拜、云崇拜、太阳崇拜等。其中，排湾人的蛇崇拜最为典型。排湾人中流传着不少关于灵蛇产卵化生排湾人始祖的传说，他们相信蛇是自己的祖先，也是自己的保护神，能为他们消灾解难，蛇成为排湾人敬畏和崇拜的对象。文身的部位除面、手、足、胸、背等处之外，还有斑斓错杂的遍体雕青。高山族文身的基本纹样有人头纹、叉形纹、网状纹、十字纹、折线纹、菱形纹、蛙纹、鸟纹等几十种，其中叉形纹、折线纹、网状纹、菱形纹等都是从百步蛇身上斑纹的抽象形态演变而来，且与高山族崇拜百步蛇有关（见图 2-7）。高山族有百步蛇为祖先化身的传说和不准捕食蛇的禁忌。他们以文身方式把所崇拜的蛇图腾形象刻画于肉体之上，寓意其灵魂常附于自身，而受其庇护。十字纹可能是太阳光的变形，象征太阳，是其日月崇拜的体现。高山族的文身种类按地域不等，多者如排湾人，达 58 种；少者如曹人，仅 2 种。北部的泰雅人文身，以直线构成的几何图形为主；南部的排湾人文身，则以曲线的动物图形为主，有的花纹还有一定的结构，十分复杂，在世界上有文身习俗的民族中也属罕见。

图 2-7　高山族鲁凯人文身的主要纹样

贡布里希在他的名著《秩序感》里，把文身图案列入其"秩序"的大模式中，他认为，文身是一种"人造的秩序"，而这种"人造的秩序"又与社会层次的秩序有关："部落的记号和社会层次的标志可以由这类伤痕图式发展而来，逐步形成一套复杂的记号和标志系统。各种记号或标志可以被用来表明部落成员或社会成员的等级、地位和身份，也可以被用来作为纯粹的装饰以表明对身体的注意和爱护"。① 高山族文身的寓意，也证实了贡布里希的秩序论，即以文身的图案作为记功的标志，作为某人的社会地位的符号。

（二）出于巫术信仰

少数民族中的大多数文身纹样，完全可以视为不同形式的鬼神观念的符号载体，是具有原始宗教意义的精灵崇拜的反映。如独龙族认为人的亡魂"阿西"会化成蝴蝶飞回人间，因此，独龙族女子文面纹样（见图2-8）如同一只张开双翅的大蝴蝶。再如高山族文身中的古琉璃珠纹，据说古琉璃珠是从女子阴部取出的牙齿变化的，原始先民出于对自身繁衍的关注，由性器异化或灵化的生殖崇拜演化为避邪巫术，其意义耐人寻味，表现出具有古老观念的巫术信仰。

图 2-8　独龙族妇女面部文身

（三）出于信奉祖先崇拜

高山族各部落都将祖先奉若神明，高山族的馘首习俗与文身习俗有密切关系。高山族人认为，人死后的灵魂分为善灵和恶灵，而被馘首的人死后会化为善灵保护割取自己头颅的人，而这些成功馘首的人则在胸部刺人首纹或人型纹以示夸耀。他们相信祖先的灵魂对子孙后代具有赐福的作用或辟邪的功能，因此在身体上文刺祖灵像（即人形纹、人头文）来祈求保佑。

（四）受宗教文化的影响

如傣族文身中的佛塔佛经纹，就是傣族本土文身文化与佛陀世界相互交融的结果。大多数民族的文身纹样的形态以及所赋予的含义有时并不是单一的或者一成不变的，它会随着社会的变迁和发展而自然转换。如黎族文身纹样中的蛙纹，最初是出于图腾崇拜，随着黎族社会父权制的确立，图腾崇拜转化为祖先崇拜，原始图腾物蛙与祖先神的

①　［英］E. H. 贡布里希：《秩序感：装饰艺术的心理学研究》，杨思梁、徐一维译，浙江摄影出版社1987年版，第14~15页。

形象便合二为一了，蛙的造型也从自然形态转为拟人化了。类似现象在其他民族中也常有发生，如壮族的蛙神也是人身蛙形。

文身图案不仅是部落的符号，而且还包含着特别的意义并被浓缩为某种信念，起到护佑和巫术的作用，除了表达男性的力量、勇气和技艺外，同时还包含着对祖先、古代英雄的崇拜。就像民族服饰被喻为"无字的史书"一样，文身习俗也可作为一种"符号"有其所指和能指，可以帮助我们进一步去认识某一特定族群的历史文化和生存状况，是我们认识和了解人类文化和社会历史的一份宝贵资料。

三、文身成为现代生活时尚

现代文身随着社会的发展已经成为一个多学科的综合艺术形式，它集艺术、文化、医学、心理学于一身，虽然具有一定的边缘性，但它带给人们的震撼力却是很难用语言表达的。文身在现代生活中成为一种时尚，很多人愿意用文身这种方式表达自己的内心情感，每个文身者的文身都有各自不同的意义，有人文身为了爱情，有人为了纪念，有人为了信仰，有人为了吉祥，有人为了遮盖伤疤，等等。还有很多人把一些有意义的文字或图案文刺到自己的身上，以示鼓励或者保佑自己。随着人类的发展，服装出现之后，许多文身图案以新的形式保留在服装上，如高山族对百步蛇的崇拜转化为服饰图案，成为文身的印记。如今在一些大都市里出现的人体彩绘似乎也可以视为对图腾艺术的升华。许多年轻人文身，更多的是追求时尚。此外，追求时尚的女性们还会在指甲上作装饰、涂指甲油，在手臂或肩部贴各种花纹，在耳垂、肚脐、鼻子等处打洞戴各种饰物等，这不也是古老文身的延伸吗？

文身伴随着人类生存和发展的历史。无论文身者出于什么样的动机选择以身体为载体，无论他们是把文身看成原始的神秘产物，还是看成当今"另类"的时尚产物，我们都不可否认，这是对文身这一古老艺术的继承和发展，隐藏在它背后的是人类对生命（身体）奇迹的礼赞和对大自然的崇拜。

第三章 神巫服饰——巫术精神的投射物

巫是一种古老的宗教，神巫即巫师，是神灵的代言人，他可以代表神灵向人们传达其意志。我国古代男巫称为"觋"，女巫称为"巫"。《说文解字》中有："巫，祝也。女能事无形，以舞降神者也。象人褒(袖)舞形……"所谓巫，即主持祭礼者，能以舞降神的人。① "事无形"指看不见的鬼神，但请神必须歌舞，可见巫师既是从事宗教祭祀活动的执行者，又是通晓歌舞的人。这里所叙述的巫，有两层含义：一是广义的巫，包括巫师、信仰及相关活动，按照约定俗成的说法，可称巫教，包括萨满教在内；二是指男女巫师。

神巫服饰作为服饰种类中的一个特殊类别，是巫术中最能强化神性的物质，它不仅是巫师与世俗隔离的一种装扮，而且是圣灵圣洁而威严的象征，能够更深刻地折射出该民族的精神文化。在少数民族原始宗教信仰系统中，由自然崇拜、图腾崇拜和祖先崇拜的形式表现出来的各种鬼神崇拜，从信仰到行为，都具有人类早期宗教所特有的功利性和实用性的性质，这就是对鬼神的祭祀、同鬼神的交往等巫术或宗教的方式，对鬼神进行取悦、谄媚或乞求，起到操纵、控制鬼神的作用，以达到祈福消灾、趋利避害的目的。就此而言，少数民族的原始宗教，表达了人们对现实生活资源短缺的焦虑不安、对耕种劳作收获的希望和对疾病灾害的恐惧等方面的经验感受，也表达了他们希望得到某种补偿以减轻痛苦，形成稳定有序的生活地愿望。神巫服饰不仅是宗教观念的体现，更是民族智慧与审美文化的象征。

第一节 巫术与神巫服饰的作用

巫术是原始宗教中重要的组成部分，原始巫术起源于图腾崇拜，因为相信巫术也是一种崇拜。美国学者金氏1892年提出巫术先于万物有灵论，主张将巫术作为宗教的起源。其后著名人类学者弗雷泽也认为宗教源于巫术，他在其名著《金枝》中认为"巫术是

---

① 宋北麟：《巫觋——人与鬼神之间》，学苑出版社2001年版，前言。

借助想象征服自然的伪技艺"。① 所谓巫术，就是人类企图通过某种举动来控制各种事件之间的因果关系的一种行为。在原始人眼里，世界所呈现的种种奇妙现象都是神灵鬼怪作祟的缘故，神灵鬼怪有善恶之分，经常予人福祉的是神，而给人灾难的则是鬼怪；神灵具有人格性，有喜怒哀乐，高兴时会降福，生气时会降灾。因此巫术的目的往往在于取悦神灵，同时亦包括通过法术驱走鬼怪。

在相信巫术的人们看来，宇宙中所有事物的发生都不是偶然的，是由某种力量在冥冥之中控制的。而原始宗教往往通过各种仪式活动，如各种巫术仪式、禁忌仪式以及献祭和祈祷仪式等程式化的宗教行为，影响着少数民族先民生活及精神文化的发展。除了祭祀，巫术表达原始宗教信仰的有力手段是人们企图控制外界、增加自身能力的便捷途径。巫术有多种表现形式，如祈福巫术、致厄巫术、祛病巫术等，负责这些活动的是巫师，他们是氏族与部落的精神领袖，能和灵魂沟通，可以用魔法保护他人，有预知未来的能力，并在黑暗的年代里指引人们渡过难关。他们相信万物皆有灵，能与日月星辰、天地祖先甚至飞禽走兽、花草虫鱼等进行沟通，能让人感到巫术的核心——灵魂不死的神秘力量。通过平等的沟通，祈求鬼神的庇佑，以免受到自然灾害、外来者和敌人的伤害，他们也负责改正错误、衡量对错、操控大自然和解释恐怖的现象等。

在宗教形态里，神巫往往占据着主导地位，这种主导性表现在他是宗教教义的传播者和宗教活动的主持者。随着神巫在宗教发展过程中所起作用的增强，为区别于一般信仰者的特殊身份，必须通过外在的特征来加以区分，这个重任自然而然地由服饰这种"无声语言"来承担。因此，神巫拥有了专门的服装、道具、法器，以及头衔和职业标志。为了体现鬼神的力量，于是将某些与鬼神有关的象征事物如符号、行为等，通过服装、图腾纹样、佩饰以及舞蹈等，作为巫术精神的投射物，使之具象化。由于各民族风俗、环境不同，巫师的服装，会在整体形态上呈现不同寻常的特点。从另外一方面讲，巫师被认为是神灵或超自然力的代言，他必须通过各种方式来赢得大众的信服和崇敬，除了从行为上体现他的这种身份，服饰外表也是一个不能忽视的因素，以至于服饰的奇特性往往超乎想象的程度。另外，在信仰者的心目中，神灵是最高洁的，因此要用最精致味美的食物来献祭，用最动听的颂歌来赞美，还要穿最美的衣服来与之交流。为了达到"娱神"的目的，宗教执行人的服装不惜采用最华美的面料、最精致的做工、最繁复的装饰，来使服装更美。他们认为只有这样精美的神衣，才能符合神巫（或祭司）与神相通的崇高地位。尽管不同民族、不同地域这些服饰的形态、名称和材质都不尽相同，但一个共同点是，巫师会有意识地将其服饰加以神化，使服饰品或法器变成被寄予精神

---

① ［英］詹姆斯·乔治·弗雷泽：《金枝》，徐育新等译，大众文艺出版社 1998 年版，第 75 页。

并且具有超自然力量的替代物。

在各民族当中，人们对神巫的称呼各不相同，例如彝族称神巫为"毕摩""苏尼"，羌族称神巫为"端公"，纳西族与傈僳族均称神巫为"东巴"，而称神巫为"萨满"的主要有鄂伦春族、鄂温克族、锡伯族、满族、赫哲族这五支操通古斯语的民族。同属蒙古语族的民族中，蒙古族称神巫为"博额"或"亦都罕"，达斡尔族称神巫为"耶德根"，土族则称神巫为"法刺"。操突厥语的裕固族称神巫为"也克哲"或"喀目"，哈萨克族称神巫为"巴克塞"，而在维吾尔族中神巫则偶尔由清真寺的"阿訇"临时兼任。独龙族称神巫为"纳木萨"或"多木萨"，拉祜族则称神巫为"莫巴"。操东南亚高棉语的佤族称神巫为"斡朗"。操苗瑶语的瑶族称神巫为"搂曼"或"那曼"，苗族则称神巫为"枯巫"等。无论是北方少数民族信仰的萨满教也好，还是藏族信仰的苯教，彝族信仰的毕摩教或苏尼教，纳西族信仰的东巴教以及南方各民族信仰的各种原始宗教也好，不仅对于氏族及氏族制度的形成与发展产生了深刻的影响，而且对于社会经济生活以及各民族服饰文化的发展起到了不可估量的作用。在此，我们主要从以下几个方面予以解读。

第二节　彝族巫师"毕摩""苏尼"服饰

彝族的巫师，称作"毕摩""苏尼"。"毕摩"系彝语的音译，"毕"是念经诵咒的意思，是主持各种宗教祭祀，为人驱鬼禳灾时诵读经书者之意，"摩"是对有知识的长老的尊称，意为"母""师""智者"之意。毕摩掌握大量的彝文古籍，通晓彝文经书，是彝族社会中的智者、知识最丰富的人，是彝族毕摩文化的主要创造者、传播者和整理者。他们主持的宗教仪式主要有安灵、送灵、禳灾、祓祟、祈福、求育、盟誓、神明裁判等，并主持日常生活的婚嫁、治病、节庆、丧葬、祭祀等风俗仪式。"苏尼"的"苏"意为人，"尼"意为抖动，得名于苏尼作法的方式，即击鼓抖动舞蹈。"苏尼"的意思就是作法的人，其主要承担禳灾驱鬼的任务，以巫术与鬼神"打交道"。彝族人认为，某人突然大病一场或无故染病，待病好后就会有"阿沙神"附体，这样便可做苏尼。在彝族服饰中，毕摩服饰和苏尼服饰是彝族原始宗教文化中最直观且重要的，毕摩和苏尼特殊的身份和地位，决定了其服饰标记和样式的特殊性。

一、毕摩的发式与头饰

四川大凉山彝族男性，无论老幼都在脑门上留下一撮头发，长度1~3米不等，平时都缠绕于头顶形成螺髻形，其余的头发都被剪短或剃光（见图3-1）。对于这种发式，彝语称"兹尔"，汉语称"天菩萨"，这是原始社会后期的一种古老发式。《汉书·陆贾传》中云："椎髻者，一撮之髻，其形如椎。"①彝族人认为头顶上的长发具有神灵的力量，是神鹰栖落的眼睛，是天神和祖灵栖息的地方。有了天菩萨的存在，死神就会远离自己，彝族人便把天菩萨视为男子灵魂的藏身之地，是彝家的命根，神圣不可侵犯。因此，除了父母和亲人之外，其他人绝对不可触摸天菩萨，如若触摸，便是亵渎神灵、冒犯主人，轻则宰杀牲畜以赔礼道歉，重则双方拼命。如今天菩萨发饰已逐渐消失，在四川凉山地区只有40岁以上的彝族男子和彝族巫师毕摩才留天菩萨。毕摩在举行大规模的作法仪式时，如祭祀、驱魔、送魂等，才会将发髻散开。在仪式上毕摩随着鼓声、念经声舞动长发，飘扬曳动中增添了几分神秘感。毕摩的头饰别具一格（见图3-2），称为毕髻，用布帕缠绕出柱状，雄踞于额顶，向上突出显示其特殊的身份。有正式资格的毕摩一般都有几顶法帽。毕摩作法时戴的法帽，彝语称为"毕罗波"或"呗嘎兰"，是毕摩权力的象征。

图 3-1　彝族"天菩萨"头饰

图 3-2　毕摩头饰

　　毕摩的法帽有几种，一种是用竹、藤、篾混编而成的斗笠，为双层，顶高20厘米，上敷一层黑色的薄毡。用薄木板做7~9个小鸟状物，分布于其间。下层织成无数六角形花眼，或织成7~9个螃蟹状物。两侧分别悬挂一对鹰爪饰带，长约45厘米。饰带分两部分，上部为黑布制成，绣有彝族传统的花纹，深沉古朴，并缝缀有玉石、银、滑石等制成的饰物，下部为黑丝带。另一种法帽是毕摩在祭祖时戴的黑毡笠，毡笠上布满用银片制成的日、月、鸟、蜘蛛等图案。还有一种毕摩的法帽称为"虎眼神笠"，彝语称

---

①　华梅：《服饰与信仰》，中国时代经济出版社2010年版，第2页。

"毕尔拉略"。这种神笠一般也用竹篾编制而成，只是在笠尖上套着以黑色毡片或纯白羊毛制成的圆形小帽，每做一次送灵仪式，便加一层毡子，其层数越多，表示毕摩的法术越高超，所以彝语谓之"神笠毕摩"。

法帽下面的鹰爪（见图 3-3）必须经过严格的挑选和经过一定的宗教仪式。鹰的种类很多，但只能用岩鹰的角爪。人们将捕获到的凶猛的岩鹰带回去，为它作清洁法事，祭祖灵后，方可制成法器。在大型咒仪上，毕摩还要在脖子上戴一个专用的"护咒项圈"——用一对野猪牙连接制成的护身神物，取其凶猛无敌之意。这些都用于盛大祭祀活动或诵经护灵，被认为有招神驱鬼的法力。毕摩作法时穿上这种特殊的服装，来帮助毕摩驱邪镇鬼，同时，表示自己是神灵的替身，有着不凡的神力。

图 3-3　彝族毕摩法帽

二、彝族巫师毕摩服饰

彝族毕摩在祭祀时必须穿法衣，是毕摩在从事宗教活动中的一种特殊装扮，其目的在于通过穿特殊的法衣以利于巫师与神灵进行有效的沟通。根据地域的不同，毕摩的法衣亦有差异。古时各地毕摩的法衣都有严格规定，以示对神灵的尊崇。四川凉山毕摩（见图 3-4）主持祭祀时的法衣装扮为：神毡笠，发式为

图 3-4　毕摩手中所持法器①

———————————

① 苏小燕：《凉山彝族服饰文化与工艺》，中国纺织出版社 2008 年版，第 145 页。

"天菩萨",黑色或蓝色的察而瓦,黑衣、黑裤或蓝裤等。除法衣以外,毕摩作法的经书和法器也与服饰有着密切的联系,属同一个服饰系统。

察而瓦是毕摩游走四方的必备之物,它是毕摩的礼服、法衣,天寒时保暖,烈日下遮阳,作法驱鬼时,察而瓦又是很独特的道具。毕摩的服饰多以青黑色为主,一般素雅、无纹饰,显得庄重大方。毕摩法衣(见图3-5)为一种特制的斗篷,与帽饰等物相配套,分羊毛斗篷、丝绸斗篷和棉麻斗篷几种,有黄、红两种颜色,丧事祭祀时穿黄色,婚嫁喜事时穿红色。在祭祖时毕摩通常要穿马尾毛披风。马尾毛披风是用40匹好马的马尾编织而成的,乌黑发亮,为彝族服饰中的精品。

图3-5　毕摩的法衣

毕摩的法器既是作法时的道具,又可以看作特殊的服饰配件。毕摩的法器包括经书、神铃、竹神扇、神签筒、神签(见图3-6、图3-7)。同时毕摩还佩戴一些辟邪物,如野猪牙、鹰爪、鹰头和虎牙等。其中,神铃用黄铜制成,呈喇叭形,上系皮绳,高约5厘米,直径约6厘米。毕摩作法驱鬼时,边念经书边摇神铃,用以传送人、神、鬼之间的信息,并助法威。

图3-6　毕摩使用的法器:神签筒、竹神扇、神铃①

---

① 起国庆:《信仰的灵光——彝族原始宗教与毕摩文化》,四川文艺出版社2003年版,第53页。

图 3-7　四川凉山彝族毕摩使用的法器①

神签筒有的上方呈虎口形，下方为龙尾形。有的一端为竹制，另一端为木制，上涂彩漆，刻有各种图案，镶有白骨珠、白银片、珊瑚珠等饰品，内装竹签，供占卦时使用。

在一些重大的仪式上，有钱的毕摩还要披银裳衣，据说具有护佑主人之神力。它由数百片银片穿缀而成。当代的毕摩（祭司）在任何场合下作法事，都改穿黑色的棉麻长衫，披上披毡，挎网状经书袋。这种经书袋，彝语称"海可"，轮廓像毕摩经书中所画的龙，尾部似蛇尾。经书袋用两根绳子交错编成，一般由毕摩自己编织。毕摩通过特异的服饰，从而达到与神灵沟通的目的，毕摩服饰的标志和符号化的特点，具有确定特殊身份角色的功能。

三、彝族巫师苏尼的服饰

苏尼是彝族民间的巫师，地位低于毕摩，服饰也相对简单得多，材质一般以麻布和棉布为主，款式一般与所在地区彝族的常装相同。苏尼有男性和女性之分，男性苏尼在彝语中称为"巴尼"，女性苏尼在彝语中则称为"莫尼"，主要职能是为病人驱鬼、镇鬼、捉鬼、招魂、咒鬼等。道光年间《大定府志》附录"安国泰夷书"九例中说："巫目苏额，不尊重，专司治病。"在现代生活中，男性苏尼多于女性苏尼。②

苏尼与毕摩之间既有区别，又有联系。毕摩懂彝文，诵经书，有较丰富的知识和学问，所执祭的仪式一般是关系家族、家庭、个人的重大事件，地位较高。苏尼则不懂经文，只承担禳灾驱鬼的任务，地位和受尊敬的程度远远逊于毕摩。但在一些具体的仪式

---

① 起国庆：《信仰的灵光——彝族原始宗教与毕摩文化》，四川文艺出版社 2003 年版，第 52 页。

② 宋兆麟：《巫觋——人与神之间》，学苑出版社 2001 年版，第 119 页。

和活动中，两者又有一定的联系。苏尼作法有时需要毕摩协助才能完成，毕摩作法有时也需要苏尼辅助。更有一些仪式，既可由苏尼主持，也可由毕摩来完成。还有个别人，既是苏尼，又是毕摩，两者兼而任之，彝语称作"尼毕其"。

苏尼（见图3-8）的法具是一面带柄的双面山羊皮鼓，彝语叫"格则"，形状为圆形，直径30~40厘米，厚15~20厘米，内装铁砂，柄上雕有"龙嘴"，附上各色布条和3个小铜铃，配有一根弯形鼓槌。苏尼在做法事时，左手持鼓，右手握鼓槌，先盘腿坐于火塘旁，借"阿萨"（鬼魂）附体，以"阿萨"附体的身份击鼓、诵词，双目微闭，抖动全身。其后从地上起身至堂屋中央狂呼乱跳、转圈。有的苏尼在转圈时，还要点燃火把顶于头上，还有的赤脚踩在烧红的铁具上或燃烧后的木柴上，等等，颇具神秘色彩。苏尼一般将头发梳成许多小绺，以便在作法时能随身体

图3-8 拿着"羊皮鼓"彝族苏尼①

的舞动而飞舞，以增加通神的本领和神秘感。野猪牙也是苏尼在作法事时最喜欢佩戴的灵物之一。在漫长的历史进程中，毕摩文化始终是以彝族人信仰中的祖先崇拜为根本，立足于彝族自身的文化基石，建立起一个已趋于完整的宗教思想体系，并渗透到彝族社会生活的各个方面，影响十分深远。

第三节　纳西族东巴信仰与东巴服饰

一、东巴教和东巴

东巴教是纳西族信仰的传统民族宗教，是由原始巫教受到藏族苯教影响而逐渐形成，民间称其宗教人士为"东巴"而得名，故以祭师的专称命名纳西族传统宗教为"东巴教"。东巴教崇奉万物有灵，他们认为三川大地、星辰日月、动物灵长，无不充满灵性，即使人去世后灵魂也永久长存，属自然崇拜、祖先崇拜和神灵崇拜为主的多神崇拜。

东巴教形成的历史，也反映了纳西社会的发展历史。纳西族原是古羌人的后裔，公

---

① 苏小燕：《凉山彝族服饰文化与工艺》，中国纺织出版社2008年版，第144页。

元前 7 世纪左右，古代羌族分支"牦牛夷"从北向南迁徙，到四川无量河一带后分为两支，一支向东南发展，停留在云南宁蒗永宁和四川盐源，另一支往西经四川南部、金沙江北岸至中甸县，南到白地，再南渡金沙江到达今天的丽江地区。约在公元前 3 世纪左右，东巴象形文字出现，东巴文化随之产生。到了唐朝，纳西族处于强大的吐蕃与南诏之间，并受到两者的影响，尤其是在唐初吐蕃的管辖之下，西藏苯教势力一度渗入，使得东巴教随处可见苯教的影子。关于东巴教的传世传说也多少反映了它与藏族宗教的关系：传说东巴教创教者丁巴什罗原来住在拉萨附近，与西藏的活佛大宝法王斗法失败才创立了东巴教。这个传说证明了东巴教与西藏喇嘛教之间也存在着密切的关系。在其历史发展进程中，除藏族苯教外，还曾受到过汉传佛教、藏传佛教、儒教、道教等各种宗教的影响。从今天来看，东巴教是一种以纳西本土文化为主干，兼容外来文化于一体的独有特色的宗教形态。正如洛克所说："纳西族的宗教及其文献是一座复合型的宗教大厦，其基础主要建立在原始自然崇拜和西藏在佛教传入之前古老的民族宗教苯教。这座宗教大厦的上层建筑由各种外来因素组成，有的内容是借自于纳西相邻的一些民族宗教和风俗。"①东巴教是纳西族历史上信仰最广泛、传承时间最长的传统民族宗教，它对纳西族的社会生活、文化习俗和民族精神有着重大影响。

在纳西族古代文化中，无论是具有宗教性质的东巴文化还是其原始巫教文化，都浸染着鲜明的巫术色彩，人们都会凭借一套相对固定的巫术仪式以实现各种目的。仪式是由那些有特异功能的"巫师"来完成的，主持各种巫术或宗教(东巴教)仪式的执行人称"东巴"，"东巴"一词系藏语借词，藏文中指"老师、导师、智者"；纳西语直译是"山乡诵经者"，亦即"智者"。东巴在纳西族的社会地位很高，被视为人与神、鬼之间的媒介，他既能与神打交道，又能与鬼说话，能迎福驱鬼，消除民间灾难，能祈求神灵，给人间带来安乐。东巴文化是古代纳西文化的源头之一，东巴对于纳西文化有着重要意义，他们是纳西古代文化的传播者和继承者。一般依据东巴的威望和地位的不同，可以分为大东巴、白地东巴(位于丽江的白地是纳西东巴教的发祥地和圣地，因此到过白地学习或朝圣的东巴有较高地位，纳西语有"白地东巴"之说)、普通东巴及主祭东巴。

二、东巴服饰

近代东巴服饰(见图 3-9)常见的基本样式为头戴五佛冠，身穿黄色、红色或蓝色的

---

① ［美］洛克：《论纳西人的"那伽"崇拜仪式——兼谈纳西宗教的历史背景和文字》，参见白庚胜、杨福泉《国际东巴文化研究集粹》，云南人民出版社 1993 年版，第 73 页。

有领右衽大襟长衫，下穿黑色或蓝色长裤，胸前佩戴佛珠，腰系彩色带，脚穿云头黑靴。依据东巴地位的不同，在帽子与披毡及法器上有所差异。主要有大东巴服饰与普通东巴服饰两大类。

图 3-9　纳西族东巴服饰（云南）

（一）大东巴服饰

大东巴在服饰上与其他东巴有明显的区别，主要由以下几部分组成。

1. 大东巴帽

白地纳西语称大巴东帽为"诺毕各木"或"康古木"，汉语则称为"黄蜡帽"。它是东巴法器中最大的神器，只能由大东巴佩戴。大东巴帽是用竹篾编成的斗笠，直径约 54 厘米。帽上插箐鸡毛，象征雉尾，以示神圣。帽上还有两个铁角，上面画有两个圆点，象征着日月昼夜生辉。铁角两边各插一把刀，刀两侧刃有豪猪刺，这些都是用来驱鬼的，具有保护东巴之意。大东巴帽檐上有一圈牦牛毛，表示东巴威力强大。另外，帽上还饰有鹰爪，也是驱邪之意。帽带为五色彩绸。戴帽前，东巴需要先念经讲述帽子的来历。

2. 大东巴披毡

这也叫大法衣，法衣也是东巴的护身衣，由白色羊毛制成，东巴在做大法事时披此毡。白地东巴又叫"大东巴披毡"。此披毡只有大东巴才可穿。东巴做道场时必须穿戴大东巴披毡，其意一为镇鬼，二为护身。在为期三天三夜的道场中，大东巴披毡也不可离身，因为据说死者的灵魂是附在法衣上的，如果脱去他就会被魔鬼掳去。

3. 法衣

斜襟长衫，旧时用上等麻布缝制，现多用绸料代替，有紫红、黄、浅蓝、黑各色，白地语称"卡巴拉"。大东巴做法事或跳东巴舞时穿，平时束之高阁。

4. 虎皮短袄

有的东巴在镇鬼仪式上穿虎皮短袄，据说可以增加神威。

5. 东巴法杖

这是只有大东巴才能使用的一种法器，一般用于开丧、超度道场。法杖长 1.8~2 米，白地语为"腊禾木通"，意为"京竹棍"。法杖分三部分：杖头为贝螺，用来镇鬼；下部是香树叶；中间为装神药的瓶子。杖身套着牦牛毛，被认为是神物，还拴有红、黄、白、绿的彩色绸布，象征阴阳五行。法杖底部装有一铁尖，用以震慑地下之鬼。

6. 摆铃

这是大东巴法器，一般东巴不能使用(二东巴使用羊皮鼓，三东巴使用钹，一般东巴使用大鼓和法螺)。摆铃在念经、请神时用，以铃声召唤神灵或驱魔挡鬼。摆铃上拴有一只岩羊角，有的还拴有野猪牙，用来区分人鬼。

(二) 普通东巴服饰

1. 五佛冠

五佛冠也称"五福冠""五佛冠"(见图 3-10)，是东巴的象征物。普通东巴多以五佛冠为法帽。它是由五片硬面纸剪成尖头并将其连缀而成，每片上都绘有一个彩色的神像。五个佛像各地有所不同，白地和一般地区不同，都是中间画丁巴什罗像，两边各画两个武将，左侧为杜盘仙曲和优玛，右侧为蒙崩津目和达拉米玛，他们都是本领高强的大将。丽江地区有的五佛冠在中间画玉帝，两侧为唐三藏、孙悟空、猪八戒和沙僧，这

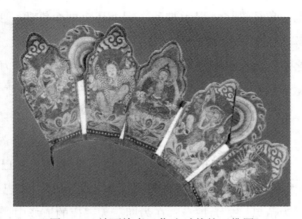

图 3-10　纳西族东巴作法时戴的五佛冠

是受到汉传佛教的影响。但大多数五佛冠还是根据密宗的方式绘制。另外，五佛冠整体上又象征丁巴什罗，意为丁巴什罗时刻居于东巴头上保护东巴，也指东巴戴上此帽就成为丁巴什罗教化身。

2. 三尖帽

在东巴古画中出现的三尖帽现在已不常见，现在也有东巴以三片树叶插于头上代替三尖帽。

3. 法衣

普通东巴的法衣多为斜襟长衫，现多为彩色锦缎制成，有的还在外面加一件大襟坎肩，这种穿法在东巴古画中并未出现，可能是近代受到汉族的影响。有的东巴还在胸前佩戴 108 颗长串念珠。东巴腰部以彩色绸带扎系，脚穿黑靴。

4. 法器

东巴的法器有"展来"（铜板铃）和"达克"（皮手鼓），前者象征太阳，以左手扶摇；后者象征月亮，以右手扶摇。有的东巴还有法螺，即一黑一白的海贝螺，供吹鸣用或以牛角号代替。

三、东巴服饰的文化内涵

东巴服饰作为纳西族东巴文化的特殊载体，其丰富的形式中蕴涵着纳西族先民的朴素观念，包括动物型崇拜的原始宇宙观，对日、月、星辰等自然物的崇拜观念，五行五色相生相克的观念等，这对我们了解古老的纳西文化有着重要的意义。

（一）动物崇拜型的原始宇宙观

虎和牦牛是东巴教门神的祭场和家庭的护卫者。从镇鬼仪式上东巴穿的虎皮短袄、东巴的神棒上所刻的虎头形象，到大东巴帽檐和法杖上的牦牛毛，都可以看到纳西族对虎和牦牛的崇拜。虎是远古羌人的图腾崇拜物之一，作为古羌人后裔的纳西族曾崇拜过老虎，而体现纳西族先民原始虎图腾世界观的，便是天地万物构成老虎躯体的世界整体血肉相连说，关于这个原始的自然世界观，东巴经典《虎的来历》载曰："天上的青龙是老虎的祖父，人间养着的白脸猫是老虎的祖母；吕司革布是老虎的父亲，吕司构母是老虎的母亲，它们四个做变化，老虎出世了……""大地上的老虎，虎头是天给的，虎皮是大地给的，虎骨是石头给的，虎肉是土给的，虎眼是星宿给的，虎肝是月亮给的，虎肺是太阳给的，虎心是铁给的……"①从上述内容可知，老虎躯体的各部分分别由天、

---

① 木仕华：《东巴教与纳西文化》，中央人民大学出版社 2002 年版，第 80 页。

地、日、月等自然物质所构成，包括天地在内的自然界万物如同老虎躯体一样，是一个血肉相连的整体。纳西族认为，世界万物的本源皆从老虎的身体化解而来，虎的整体即是纳西族先民心目中的宇宙大模型。

与虎化生宇宙相仿的牦牛化生宇宙是纳西族先民动物崇拜型原始宇宙观的另一个内容，也即牦牛死而化成天地万物说。此说来源于纳西先民以牛为图腾，并以牛图腾的意识理解自然界与牛的同一性相关。纳西族先民的饮食起居、住行均仰赖于牦牛，牦牛的皮毛骨肉成为日常生活的主要来源。牦牛不畏严寒，披满长毛，长有威武犄角的形象和精神，给纳西先民极大的鼓舞，他们崇拜牦牛，将牦牛看作纳西族的守护神，牦牛尾被视为驱邪功能的神物，进而用牛图腾意识去理解自然界，从而形成了特有的牛图腾宇宙观，即用牦牛死后躯体分别形成宇宙万物来比喻宇宙万物犹如牛之躯体是一个联系着的整体。如在东巴经典《崇搬图》中记载："最初有神鸡恩余恩玛生了九对白蛋，八对都孵化了，剩下一对熬尾蛋，春夏秋冬都孵不出来。恩余恩玛一怒之下将其抛出，金光闪现，一只野牛横空出世。……野牛生出角，角长触着天，天上布满星星；长出毛，变成草野牛生脚板。脚板展开变成大地……牛死时，其头变天，其皮变地，其肺变太阳，其肝变月亮，其肠变路，其骨变石，其肉变土，其血变水，其肋变成岩，其尾变成树，其毛变成草。牛的左肋变成左边方位，右肋变成右边方位。"②这个传说中的野牛就是纳西族先民的图腾之一——牦牛。尽管这种牦牛崇拜随着纳西族的南迁，随着纳西族从游牧文明向农耕文明逐渐转化，牦牛也逐渐淡出人们的生活而消失，但是牦牛图腾的遗迹却随处可见，代表牦牛图腾崇拜的黑色崇拜也隐含在人们生活的每个角落。

（二）鲜明的黑白对立观念

从东巴服饰中，我们可以看出纳西族对于黑白两色的特殊感情。在东巴教的信仰中，白色代表着神灵和善，黑色代表着鬼怪、邪恶和灾祸。然而，这种对立的色彩信仰并不是一开始就存在的。

纳西族原本是一个尚黑的民族，自称"纳西""纳日""纳恒""纳"。方国瑜先生对此有论述，"纳"是其专用族称。"西""日""恒"皆有人义。"纳"的本义为"黑"，引申义为"大""张大""伟大"，作族称时用引申义，故"纳西"为"伟大的民族"之意。① 纳西族的黑色崇拜与祭天文化的渊源关系是历史传承的，在纳西族语言中"黑"具有高、大、深等一系列含义，这些含义都是正面的、积极的。他们以黑命名山川万物，含有一种"以黑为大"的外在力量：大山、大海、大森林等皆以"黑"作为修饰词。"黑"本身就包含着与天一样的一种外在的强制力，显然这是祭天习俗在纳西族自然物命名上的体现。此

---

① 木仕华：《东巴教与纳西文化》，中央人民大学出版社 2002 年版，第 81 页。

外，纳西族尚黑的习俗来自对牦牛图腾的崇拜。纳西远祖古羌人在西北高原上游牧，以蓄养牦牛为生，牦牛与他们的生活密不可分，牦牛不仅是生产资料，它的肉、乳、皮、毛也都是人们赖以生存的必备品。人们出于对牦牛的依赖性而引发对牦牛的崇拜以及对黑色(牦牛毛色)的崇拜。由此可见，纳西族把原本对牦牛的感情逐渐转移到对牦牛黑色的喜爱上，随之再转移到一切黑色的事物上，最后，"黑色"被提取出来，成为一切美好事物的代名词。笔者认为，这不仅是一个"移情"的过程，也是图腾崇拜从具象到抽象的演化过程，这个过程是许多图腾崇拜的必经之路，比如彝族，他们对黑色的特殊偏好很大程度上是虎图腾崇拜的遗留。另外，与纳西族同属彝语支系的其他民族，如傈僳族、彝族，也都是以"黑"自称。如彝族自称"诺苏""诺"，可与汉字的黑、深、大来对译，"苏"或"梭"就是"黑人"的意思；而傈僳族自称"傈僳"，是"诺苏"的变音，也是"黑人"的意思。

那么，黑色是如何被白色取代，而以反面的意义出现在东巴教里的呢？这主要是受到藏族苯教和藏传佛教的影响。藏族苯教的二元哲学观念是"光明与黑暗，白卵与黑卵，现实与虚幻，神与恶魔"，反映在色彩上，就以黑色和白色来表示。苯教认为世界起源于"洁白之霜"，因此又以光明为象征。苯教崇尚白色而厌恶黑色，在于它认为黑色会导致邪恶、疯狂和愚昧，生出恶鬼，于是白与黑象征光明与黑暗、善与恶的对立，同时期将这种观念带入纳西族地区，两种宗教势力进行了尖锐的"斗争"，其结果是纳西族的原始宗教被迫接受了苯教的改造，奠定了以善白恶黑为基础的宗教色彩观念。明清两朝，藏传佛教中的噶举派进入丽江纳西族地区，其中的噶玛巴系(噶玛噶举派)传播最广，据说该派的创始人玛尔巴、米拉日巴等人在修法时都穿白色的僧裙，也有人把"噶"解释为"白"，因此称为"白教"。白色是藏传佛教崇尚的色彩，是佛的色彩，是极乐世界的色彩，是光明、美好、善良的象征，此时佛教在纳西族地区的广泛传播更加巩固了白色在东巴教的地位。

黑色与白色在东巴教的信仰中是两个对立面，黑为恶，白为善。尚白主要源于原始先民崇尚光明、憎恶黑暗的心理，从而产生日月星辰等天体崇拜，以白代表光明，以黑代表黑暗，并由此衍生出白为善、黑为恶，这是原始先民功利主义的思维模式得出的结论。这种观念在纳西族的创世神话、天体物象说、服饰、医疗、宗教法事等方面多有体现。

在东巴经记载的宗教法事中，白与黑分别代表神与鬼，如请鬼用黑色牛角号，请神用白色海螺号。祭坛也分白坛和黑坛，白坛为神坛，黑坛为鬼坛。东巴经《拉仲盘沙劳务》中指出："下方作黑色的鬼坛，黑树插在下，黑色麻布拉在下，抵住降下的死灾；能干的东巴设祭坛，上方作白色的祭坛，白树叉上方，请神保护我们平安幸福。"白色代表圣洁和吉祥，如东巴念经的经堂用白毡铺成，主持超荐道场的东巴要戴白色圆顶毡帽，在超度亡灵时，以白石祭神，用白布做成桥搭在白树上。黑色是"邪恶之色"，主要用来祭鬼，在祭天地死神时植黑树，用黑色麻线绕在树上，用黑麻布做桥，并把九块黑石放在上面。东巴举行驱鬼仪式时穿的是尖头黑靴，认为只有黑靴才能把鬼踩死。

纳西族先民对作为光明代表的具体自然物体如日、月、星辰等的礼赞，在东巴服饰和法器中也有体现。东巴教的主要法器"展来"(板铃)象征太阳，由左手扶摇；"达克"(手鼓)象征月亮，由右手扶转。被称为东巴教圣地的中甸白地的东巴有大东巴帽，是东巴法器中最大的神器，帽上插有铁角，铁角上的两圆点代表日、月，意为白天太阳照道，晚上月亮照路，这些都反映了纳西族先民对作为光明之母的太阳和月亮的崇拜。

(三) 五行五色观

五行五色观是古代纳西文化中的一个重要内容。纳西族称"五行说"为"晶吾"，"晶"为人类，"吾"为聚合，是生衍人类的五行(即五种物质：木、火、铁、水、土)聚合成人的意思。其对应的方位为：东、南、西、北、中。在他们的观念中，五行相对应的五色，即五种颜色：青(木)、红(火)、白(铁)、黑(水)、黄(土)与神灵相通，具有某种魔力，它们是构成世界的五种基本元素，各自独立存在，代表了不同物质、不同方位、不同种族、不同时间的属性，它们相互依存、相互包容、相互转化，同时也相互冲突。

五行五色的观念最初来自汉地道教，传入纳西族后受佛教、藏域的苯教和藏传佛教及白地的巫教的长期渗透和影响，被改造并纳西化。在纳西族中，有一种古老的占卜方法，就是用代表着宇宙模式的"巴格图"即金蛙八卦图①(见图 3-11)来确定五行、五方、十天干、十二地支等，以此推算阴阳、占卜吉凶。在巴格图中，中央是一支箭镞穿过其身的黄金大蛙，分别代表五个不同方位的物质：上北(水)，下南(火)，左西(铁)，右东(木)，中间(土)。以北始按顺时针方向排列十二属相，木、火、土、铁、水五种元素又各分阴阳，成十天干。另外，青、白、红、黄、黑五色被配入五行和五方之内。其肚腹在中间，代表中央；蛙头向下，嘴朝南方吐出一团火，除说明南方属火之外，还说明南方色红；蛙尾向上，尾部朝北排水，除了说明北方属水外，还说明北方色黑；蛙身上穿过一支箭，木制的箭柄在右边，木的颜色是青色，所以东方属木，其色青；白铁制的箭头在左边，所以西方属铁，其色白；蛙身在中间，代表黄土，所以中央属土，其色

---

①　木丽春：《东巴文化揭秘》，云南人民出版社 2005 年版，第 135 页。

黄。东巴祭师举行东巴舞蹈的时候，首先行破五方的金黄大蛙跳。这一舞蹈是东巴舞蹈的开场白，此舞蹈是通过五行方位的定向，寓意神舞的方位方正，众神愉悦，镇鬼压邪。

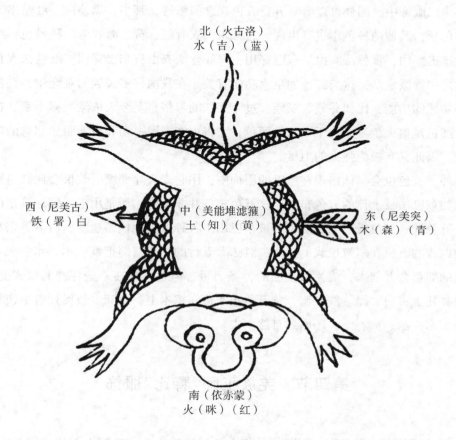

图 3-11　纳西族东巴的巴格图①

（射蛙图，即金蛙八卦图）

纳西族的五行五色相生相克观念，对服饰产生了重要的影响。据东巴经典《病因卜》上说："（属）木降生的人，属女人，穿黑色衣服、红色衣服、白色衣服不吉，穿黄色的衣服也不好，有凶。位于南方者宜着绿色服饰，位于西方者宜着黑色或蓝色服饰。（属）水降生的人，穿白色衣服好，日子会过得好，穿黄色衣服不好，会有危险。"②如

---

① 木丽春：《东巴文化揭秘》，云南人民出版社，1995 年版，第 135 页。

② 张明坤、徐人平：《纳西族东巴服饰的文化内涵》，载《郑州轻工业学院学报（社会科学版）》2008 年第 6 期。

何依据各自属相、生辰以及所在方位来选择服饰颜色，在东巴经中都有记载，如果一个人所着的服色与自己的属相不相配的话，他就会运气不顺或者生病；如果他穿的衣服颜色与命相相合，那就会好运不断。

在东巴服饰中，同样可以看到五行五色观念的渗透，其中，黑、白、红是出现频率较高的色彩，其他两种色彩也有出现。通常东巴衣有红、黄、海底蓝三种颜色：红色法衣由大东巴穿用，黄色法衣由二东巴穿用，海底蓝法衣由三东巴穿用。红色法衣在这三种法衣之中等级最高，这与红色的巫术功能有关。在我国许多民族的观念中，红色都具有驱邪避恶的功能，比如彝族、汉族，过年穿红的习俗直至今天依然兴盛不衰。在纳西族中，红色是集火色与血色于一身的颜色，它将火能摧毁一切和血能驱除邪恶的功能合二为一，因此具有极为强大的力量。

另外，五色也会集体出现在东巴的服饰中，用它来去除邪魔的效果会比红色更加强烈。比如东巴法杖上拴的五色布条，这五色布条并非装饰，而是用来辟邪。其他的如五色旗、五色线、五色纸、五色缨也常被东巴用于各种人生礼仪、超度、占卜等宗教活动中。纳西族的五色在宗教仪式上并用，意味着五行的并举，即把铁、木、水、火、土五种物质的能量合并起来，成为最全面的神圣力量，但是它只在一些特殊的仪式上采用，例如在葬礼上将白、黑、红、蓝、黄五色布条钉在棺木上，意味着敦促死者尽快将身体化为铁、木、水、火、土，还原到自然中去。

第四节 羌族巫师"释比"服饰

羌族的巫师在羌语中称"端公"，他们在各种祭祀活动中扮演人与神之间的中介人，由于端公的始祖叫阿伯锡勒释比，因此这类巫师也被当地羌民称作"释比"。他们大多具有一定的历史知识和社会经验，且具备一定的医药、星象知识。能主持传统祭祀仪式的巫师才能表演，在羌族社会中有较高的地位，是不脱离生产劳动的神职人员，起着文化传播和宗教领袖的作用，是古羌文化的传承者，是羌民族自然崇拜、万物有灵信仰的产物。由于羌族没有文字，其民族的历史、民族起源以及大量的民族史诗均由释比口头传承。他们传承的经书主要有 16 部，需数年方能背诵，其经文串缀起来就是羌族的一部民族史。

在羌族，几乎每一个羌寨中都有一名"释比"，他们专门从事诸如祭山、还愿、安神、驱鬼、治病、除秽、招魂、消灾以及男女合婚、新生婴儿的命名，以及死者的安葬和超度等活动。羌族巫师仅限于男性充任，并可结婚成家。他们没有宗教性的组织或寺院，但要供奉历代祖师和"猴头童子"。他们的着装神秘古朴，是古羌人服饰的缩影，代表了羌人所经历的历史以及对上天和大自然的想象和追求。

一、羌族巫师"释比"头饰

释比祭神作法时，一般身穿短褂、白裙，头戴金丝猴皮帽（见图3-12），手执各种法器。传说羌族在向岷江上游迁徙的途中，有一天释比劳累过度，昏昏入睡，经书掉落在地上被羊吞吃，释比醒后发现经书丢失，大惊失色，四处寻觅也不见踪影，因而急得捶胸顿足、悲痛欲绝。这时一只金丝猴从高高的树上爬了下来，告诉释比它曾看见一只山羊吃掉经卷。后来，在金丝猴的指引和协助下，终于找到了这只罪恶的山羊。释比为了惩罚这只山羊，把宰杀后的山羊皮制成了祭神用的单鼓"日卜"，使它永世遭受羌族后代的鞭笞。从此以后，每当释比敲打单鼓时，眼前就会出现写在桦树皮上的经文字句。为了使这些宝贵的经文永远不会再度丢失，释比背下所有的经文，并以口传心授的方法传授给后代巫师，而不再使用文字，因此羌族至今只有自己民族的语言而没有文字。同时，为了感谢金丝猴引路找寻到山羊，使羌族后代通过古老经文而受五大天神保佑的功德，便在金丝猴死后将它的头部和皮制成了帽子，装饰上可以驱邪镇魔的小铜镜、海螺等法器，作为祭祀中不可缺少的崇拜之物。

图3-12　金丝猴皮帽①

奉猴为智慧之神，是因为有了神猴引路才学得法术。释比在做法事时，要戴上金丝猴皮帽，并将猴头作为法器，表示与神灵相通，并尊称猴为"老祖宗""老师傅"。释比跳神的动作也是模仿猴的动作，双脚并拢并上下左右跳动。头戴猴皮帽也与信仰金丝猴有关，其帽无檐，下为圆口，上为扁顶，形成"山"字形，帽顶竖立着三个尖。据称第一个尖代表黑白，即"黑白分明"之意；第二个尖代表天；第三个尖则代表地。帽后有三条皮飘带，帽子正面左右各有一个眼睛状的贝壳，有的在帽檐上饰以红绸或

---

① 钟茂兰、范欣、范朴：《羌族服饰与羌族刺绣》，中国纺织出版社2012年版，第60页。

一排牙齿状的贝壳。金丝猴皮帽非常神圣，未出师的学徒释比是不能戴的。有的村寨的释比，头戴喇嘛所戴的五花帽或五佛冠（见图 3-13、图 3-14），显然受到藏传佛教的影响。

图 3-13　头戴五佛冠的羌族巫师

图 3-14　头戴五花帽的羌族释比①

二、羌族巫师"释比"服装

释比一般身着白色麻衣和白裙（羌语称"兹月补"）。上穿白衣和对襟坎肩，对襟坎肩上以黄白黑代表庄重、高贵，下穿白布长裙，长及脚面，腿缠绑腿。所着坎肩表明了他不是神，是人和神的中介者。白色是神的色彩，象征神灵的符号。外套为羊皮褂，羊皮褂缀三排扣，扣子分白、黄、黑三色（见图 3-15）。理县的释比（见图 3-16）则上穿绣着花边的黄色对襟短褂，下穿黑色长裙，外扎白色底旋涡纹的飘带，这种黑白对比的服装和纹样，给人带来神秘的感觉。

---

① 钟茂兰、范欣、范朴：《羌族服饰与羌族刺绣》，中国纺织出版社 2012 年版，第 131 页。

图 3-15　身穿羊皮褂的释比①　　　　　　图 3-16　手拿法鼓的释比②

三、羌族巫师"释比"使用的主要法器

(一)法鼓(羊皮鼓)

在祭祀作法时,释比使用的法鼓羌语称为"布",它被广泛用于祭祀鬼神等活动中,是释比重要的法器。传说法鼓是阿爸木比塔由天庭带往人间的法器,法鼓原有两面,由于祖师在途中困倦,因而长睡一觉,醒来后着地的一面已腐朽,鼓圈处还长出了青苔,于是释比法鼓就成了单面鼓(见图3-16)。为穿着黄色对襟短褂,手拿法鼓的释比,法鼓一般呈圆形,直径约50厘米,深约16厘米,腔内有一横木为把手,单面蒙羊皮。释比做法时,边舞边敲。驱鬼时,鼓声强烈而震慑人心;祭祀中,鼓声则平

---

① 钟茂兰、范欣、范朴:《羌族服饰与羌族刺绣》,中国纺织出版社2012年版,第132页。
② 钟茂兰、范欣、范朴:《羌族服饰与羌族刺绣》,中国纺织出版社2012年版,第132页。

缓，如诵如陈，为法事活动营造一种特殊的氛围。

(二)猴头

猴头是金丝猴之头骨，将其用纸包裹，内有少许金屑、木片、水银、柴灰、泥土，意为金、木、水、火、土，代表猴之五脏。

(三)法铃

有铁质、铜质两种，大若拳头，多为雌雄一对，上系凶禽猛兽之骨，主要用于还大愿，招牛财、地财等法事活动(见图3-17)。

图3-17　法铃

(四)神杖

释比平时挂神杖以防身，驱鬼法事中用神杖猛戳地板以震慑鬼魂。

四、羌族羊皮鼓舞

羊皮鼓舞(见图3-18)主要在祭神、驱鬼、求福、还愿以及送死者灵魂归天等祭祀

图3-18　羊皮鼓舞

活动中，由羌族巫师释比进行的法事舞蹈，羌语称"莫恩纳莎"，具有浓厚的宗教色彩。因为在舞蹈中击打羊皮鼓时释比才能朗诵经文，经文反映的又是羌族的历史和生产生活习俗，对于一个没有文字的民族来说，羊皮鼓舞就成了羌族对自己历史文化的记忆。

"羊皮鼓舞"舞姿灵巧、敏捷、粗犷，多为反时针方向围圈而跳。领舞者头戴金丝猴皮帽，左肩扛神棍，右手执铜铃。其他表演者手执羊皮鼓，人数一般为六到八人。跳羊皮鼓舞的道具虽然有盘铃、神杖等多种，但最主要的还是单面羊皮鼓，那是一种用羊皮绷制而成的单面鼓，直径约80厘米，未绷羊皮的一面在鼓圈内有一横木做的扶手，击打时用手紧握，跳跃翻转都得心应手，击打鼓面的是一根木制的鼓槌，长尺余，形状奇特。羊皮鼓不但可用来击打，还是世界上最独特和含义最丰富的鼓种之一。传说击鼓时一方面表示对恶羊的惩罚，另一方面用来提示，据说，在击鼓的过程中写在桦树皮上的经文就会出现在释比的眼前。

宗教是众多艺术诞生的"温床"。这种古老的羌族宗教仪式已被提炼加工，逐渐演变成了羌族逢喜庆、哀事之时演跳的群众性民间舞蹈——"羊皮鼓舞"，由于鼓大而沉，舞动起来费劲，故鼓的摆动是靠表演者身体转动，伴以膝的上下颤动才得以起舞，形成了独特的风格。这种舞蹈一般无乐曲，无歌唱伴舞，凭着鼓点节奏，响盘敲击出不同的音响节奏，开始时鼓声沉闷，盘铃声轻，舞步单一、迟缓，形成虔诚、神秘的气氛，祈求天神下凡附体，节奏转快后，动作力度加强，蹲跳、转打，情绪振奋，表示得到神力，已将鬼怪邪魔赶走，羌寨可保平安。表演中许多击鼓的舞姿，粗犷、稳健，技巧性强。其中如"商羊腿跳击鼓转""拧腰转身击鼓"及一些蹲跳击鼓等技巧都很精彩。"羊皮鼓舞"现已成为国家级非物质文化遗产并受到保护。

第五节　萨满教巫师服饰

萨满教是原始宗教的晚期形式。自原始社会晚期开始，建立在"万物有灵论"（泛灵论）的基础上，以巫术为主要活动形式的原始宗教——萨满教就形成了。这种宗教没有公认的共同经典，没有普遍崇拜的具体神系，也没有固定的组织形式，但是，却存在着一个我们今日可归纳出来的、具有教义性质的"萨满意识形态"。萨满教作为一种原始的独特的信仰，对信仰萨满教的诸民族后世的民族文化产生了深刻的影响，在他们的文学、音乐舞蹈、民俗和民族服饰中，都留下了历史的印记。在考察这些原始精神的历史印记时，人们很难把更早期的自然宗教的其他各种形式，同产生于原始社会晚期的萨满教截然分开。也许可以这样说：所有一切对所谓自然未知之力的崇拜形式（如自然崇拜、祖先崇拜和图腾崇拜等），都可与萨满文化相联系。

一、萨满与萨满教

"萨满"一词也可音译为"珊蛮""嚓玛"等，意为"激动""不安""癫狂之人"，后逐渐演变为萨满教巫师即跳神之人的专称，也可被理解为这些氏族中萨满之神的代理人和化身，其被称为神与人之间的中介者，他们与其他宗教神职人员最大的不同是能够以个人的躯体作为人与鬼神之间实现信息沟通的媒介。作为这种媒介的方式主要有两种，一是神灵为主体，通过萨满的舞蹈、击鼓、歌唱来完成精神世界对神灵的邀请或引诱，使神灵以所谓"附体"的方式附着在萨满体内，并通过萨满的躯体完成与凡人的交流；二是以萨满为主体，同样通过舞蹈、击鼓、歌唱来作到"灵魂出壳"，以此在精神世界里上天入地，使萨满的灵魂能够脱离现实世界去同神灵交往。上述神秘仪式即被称为"跳神"或"跳萨满"。在完成上述神秘仪式的过程中，所有的萨满都会表现出昏迷、失语、神志恍惚、极度兴奋等生理状态，当这类生理状态出现时则称为"下神""抬神"或"通神"，学术领域则称为"萨满昏迷术"或"萨满催眠术"。萨满就是通过这样的方式将人的祈求、愿望转达给神，也将神的意志传达给人。萨满的职业追求是以各种精神方式掌握生命的秘密和神灵的力量，获取这些秘密和神灵力量是萨满的一种生命实践内容。

萨满教中的巫师被称作萨满，只有萨满法师才能够沟通天神，信教者只能通过萨满法师这一中介来聆听天神的旨意，接受神的指引。可以说，在萨满教中，萨满既是人扮的神，又是生活在人中间的"神"。因此，萨满在信奉萨满教的民族之中具有极高的社会地位。

关于萨满，汉族文献中最早的记载是 12 世纪中叶南宋学者徐梦莘的《三朝北盟会编》，其中提及女真族的萨满有言："珊蛮者，女真语巫妪也，以其变通如神，粘罕之下皆莫能及。"这里所说的"珊蛮"，就是指萨满。据《中国大百科全书·宗教卷》"萨满"条目说："据称布里亚特人的萨满，原是一只会说话的大鹰，因受天界神灵派遣，下界庇佑族人，娶该族女子为妻，生一子，即为最初的萨满。"[①]因此，鄂温克族、鄂伦春族、达斡尔族和赫哲族萨满的神衣上常饰以鹰的形象或图案，他们跳神时常模仿鹰飞翔、吃血的动作。

萨满的服饰充满了神秘的色彩（见图 3-19），一般都戴有鹿角或鹰羽的神帽，穿缀有大小铜镜、铃铛、贝壳及刺绣多种花纹的神衣神裙，手提或肩背兽皮神鼓、神杖、神刀和刻着自己拥有神灵数目的"档士"（一根细长的四楞木棍，系各种颜色的布条）等，

---

① 戴平：《中国民族服饰文化研究》，上海人民出版社 1994 年版，第 125 页。

足穿绣有各种奇特图案的皮靴。萨满在给病人跳神时，穿戴神衣神帽，手持皮鼓，在室内焚香三支，一面祷告，一面摇鼓，在病人的周围跳腾，还要把鼓贴近耳朵听三次声音，一直到结束蹦跳，坐下来，就表示神已附体。这时萨满会身体发抖、脸色大变，代表神来和病人对话，直到病人无事相求，萨满才恢复常态。

图 3-19　萨满服饰(前、后)

萨满教是在人类原始社会阶段自发产生的，是原始社会后期原始宗教的一种形式。萨满教以灵魂、神灵和三界观念为基本信仰，几乎全部是多神崇拜，相信万物有灵和灵魂不灭，认为宇宙万物、人间祸福皆由神灵所主宰，尤其以祖先崇拜与自然崇拜相结合为最显著的特征，有时也会吸纳其他宗教的神灵。萨满是神灵的化身和代理人，是人和鬼神的中介，具有特殊的品格和神通，具有驾驭和超越自然的能力。

二、各族萨满服饰

萨满服饰是以北方森林草原渔猎及游牧文化为背景发展形成的。萨满服饰和法器都是萨满通神的工具，有帮助萨满塑造神明形象的功能。有学者认为：萨满的力量和艺术只有在跳神时才能发挥出来。各种佩饰指代萨满崇拜的神灵，在跳神中它们起到庇护作用。萨满借助其所穿戴的服饰，包括神冠、神衣、神裙、神帽、神鞋、神袜、神手套，尤其是缀有遮面流苏和具有象征意义饰物的神帽等，施展"法术"，实现神灵附体，完成人神身份的物化转换，使人们相信他并非凡人，而是"人神之间的使者"，相信他能够预知凶吉、呼风唤雨、驱病祛邪、消灾祈福，沟通人与神鬼的关系，以遂人愿。信仰萨满教的少数民族都有自己的萨满，各民族、各地区的萨满神服都有一些不同，亦有性别、类型的差异。但都有一个共同特征，即萨满服饰与萨满的舞蹈形态相结合是萨满宗教情感的外在表现，它们共同传达着某种神性的暗示。依据萨满族信众的观念，在萨满灵魂飞天的艰险旅程中，服饰符号是他的保护伞，是防御袭击的镇符。

（一）满族萨满服饰

满族萨满穿红色对襟无袖七星衫（见图 3-20），一般为棉布质地，象征星辰。在一些保留神祭习俗的地方，萨满上身着白汗衫，下身着各色布或艳丽的绸缎神裙，代表云涛，有的用天蓝或深蓝、绿或粉、深绿等颜色布料制作。神裙下摆镶嵌色布花边或各种图案，有的在裙下摆镶彩色布条。神帽是判断萨满神系的重要标志，也是萨满神力、资格的标志，满族萨满多以神鸟统领神系，神帽上神鸟数量的多少，标志着萨满资历和神力的高低。

图 3-20　满族萨满服饰

满族萨满佩戴的神帽，由帽托、帽架和各种帽饰组成（见图 3-21）。帽托多为红色棉制品，形状类似"瓜皮帽"，萨满佩戴神帽时，要先戴上帽托，再将铜或铁制帽架置于其上，用以护头。帽前正中和左右两侧分别缀有三面小铜镜子，神帽和铜镜代表日月星光。帽檐上方左右两侧的帽架上缀挂数个铜铃，帽顶多装饰有神鸟，表示神鸟在宇宙间自由飞翔，成为沟通天穹和人类的使者，从而实现人与神的沟通。萨满神帽上的骨饰有几种，野猪牙象征勇猛，鹿角象征长寿，獐、熊等脚掌骨象征驱魔除邪。神帽前檐垂挂质料不同的条穗，帽后有四五尺长的飘带，多为红、黄、蓝三种颜色，象征着神鸟飞翔的翅膀。

图 3-21 满族萨满的神帽

满族萨满跳神时会披挂上灰鼠、香鼠、貂、貉等动物毛尾，以及桦树皮和藤条，用黄柏、蒲苇、冬青等雕成的各种形态的怪物，鱼皮、兽牙兽骨、禽羽禽爪以及黄羊蹄角等名目繁多的各种物件均可作为披饰，有的全身披饰达数百件之多，以此象征宇宙的各种生命物质，从而增添神的威力。两肩钉着木制的喜鹊两个，据说神佛可以借这两个鸟把话传到萨满的耳朵里。腹前有很多面铜镜（最多不超过 36 面），腿上系着铃铛（最多不超过 62 个），这样跳动起来，铜镜和铃铛震动的声音足以把恶鬼吓退。衣服的后面有三个或五个铜镜（每个约重三四斤），是用来保护后背的，衣服的下半部分有 12 条绣花带，上面绣着美丽的花朵，代表神佛来去的必经之路。

（二）赫哲族萨满法衣

赫哲族萨满服饰过去是用龟、蛇、蜥蜴等爬虫的皮拼缝制成的。后改用鹿皮制作（见图 3-22），为保持其原来的特征，将鹿皮染成黑色，剪成上述动物的形状贴缝在神具上。赫哲族萨满的神衣裙称作"希克"，神衣通身有 12 条蛇、4 只龟、4 只蛙、4 只蜥蜴。这些动物的形象，都留有图腾崇拜的印记。过去赫哲人萨满法衣上还绘有表示树木、龙、鸟、爬行动物、昆虫、骑士、人像等图案，各个部分都有着相应的对称关系。腰系半尺宽狼皮腰带，神裙上面扎有长条穗子，下垂至踝。

赫哲族萨满的神帽，称作"福依基"，意思是"鹿角神帽"。由帽头、帽角和角带构成。帽头由厚熊皮制成，上面装有 5～12 个杈的铁角（见图 3-23）。以帽上鹿角杈数多少，表示萨满等级的高低。神帽上缀有黑熊皮或布飘带，一般为十几条不等，亦有等级之分。前面的飘带较短，遮过眼睛，其余的盖住整个头脸，脑后正中的部

图 3-22 赫哲族萨满

分长及脚后跟。赫哲族女萨满不戴鹿角帽，其帽檐饰有莲花瓣及飘带，下端还拴有数量不等的小铜铃，铜铃数量也有等级之分，还缀有铜镜、铜鸠、神兽等，还饰有装有神偶的鹿皮神袋、神鞋、神袜、神手套，上面绣有龟、蛙、蛇、蜥蜴等各种小爬虫、小动物和禽鸟的图案。

图 3-23 十五叉鹿角帽（赫哲族）

赫哲族的萨满在进行宗教活动时，都是右手持神杖，左手持神刀，神刀和神杖的木柄上都裹以蛇皮。在赫哲族萨满的衣装上，大小铜镜之多是惊人的：头上有护头镜，身上有护心镜和护背镜，神裙上还缝有不少小铜镜。铜镜作防护之用，神刀、神杖则作进攻之用。萨满在这里似乎不是做法事或替人治病的人了，而是一个身先士卒的将士。如果进一步了解一下某些神话故事，就不难理解赫哲族萨满的这种装扮了。

（三）鄂伦春族萨满服饰

鄂伦春族萨满的服饰主要有神衣、神帽等。鄂伦春族萨满神衣，鄂伦春语称作萨马黑（见图 3-24）。神衣用狍皮或鹿皮缝制而成，长约四尺，前后装饰了很多的图腾和各种图案，有鸟纹、云纹、花草纹，并缀有各色贝壳纽扣等，侧开衩处装饰有七彩布条，代表彩虹。前胸后背缀挂几面大小不同的铜镜，代表日月星辰，也用于驱魔。腰上系有较宽的皮带，在腰带的下面缝有一圈彩色布条，垂至脚面。神衣前襟后背上挂满了许多

图 3-24 鄂伦春族萨满服装（正背面）

大大小小的铜镜，还缀挂数量不等的小铜铃、贝壳等。整件神衣重达五六十斤。

神帽，鄂伦春语称作"布播嘿"（见图3-25），是用皮做成的圆形帽，用铁片作骨架，由铁圈系成帽口，顶端用铁丝弯成十字半圆顶外面套有绣着各种花纹的黄布，里面有帽衬，上面固定着用铁丝弯成的帽顶。帽顶上有用彩色布条缠绕的几个三角，每个三角上都系有小铜铃和彩色飘带。帽的四周缀有彩穗或串珠，下垂遮住半个面孔。

图3-25　鄂伦春族萨满头饰

（四）鄂温克族萨满服饰

鄂温克族神衣（见图3-26）为鹿皮制成，神衣奇特而华丽。用光板兽皮为原料缝成对襟长袍，前面钉有八个铜扣和一个大圆镜，背部有一大四小五个铜镜，腰部扎有一条钉着60个铜铃的腰带，双肩配有布制的雌雄鸟，腰部以下穿用两层飘带组成的底裙。长袍之外，再罩一件坎肩，上镶有300余颗贝壳。跳神时，法衣上的铜镜闪闪发光，铜铃叮当作响，飘带在萨满的旋转跳跃中上下飘飞，加之鼓声和萨满的唱响声，给人带来无限的神秘感，同时也助长了鄂温克族人对萨满的崇拜。另外，鄂温克族萨满神服后背的披肩上，还缝有代表彩虹的红、黄、蓝三色布带。萨满称彩虹是天桥，上界的神灵要通过彩虹降到人间，所以神服上的主要神偶都悬挂在代表彩虹的披肩上。披肩正中挂有蛇神偶，按鄂温克萨满的说法，蛇神掌管各种疾病，人患疾病时，可请萨满跳神祭祀蛇神，祈求保佑病人康复。蛇神两侧挂有布谷鸟和天鹅神偶，布谷鸟通过鸣叫声使万物复苏，天鹅飞得又高又远，代表广阔的大森林，两者代表使用驯鹿的鄂温克族人生活在一个生机勃勃而又广阔无际的大森林里。布谷鸟、天鹅两侧挂有太阳和月亮神偶。鄂温克萨满认为太阳是母亲，给人带来温暖，月亮是父亲，给黑夜带来光明，并认为各种猎物是太阳和月亮赐予的。胸前的神偶主要表示萨满与神的交往关系，胸前的两侧钉有两只起飞的仙鹤，仙鹤是驮载萨满上升至神界的神鸟；两只仙鹤下面钉有两排野鸭群，代表神界的众多仙女，是神界安排她们为萨满跳神助长神威。野鸭毛色艳

图3-26　鄂温克族萨满服饰

丽，而且成群结队地从空中降落到水面，这同鄂温克族人狩猎日常所见息息相关。

鄂温克萨满神冠由铜片箍做支架，外罩黑平绒，里衬白布。神冠前垂流苏遮面以替代面具，冠上饰有贝壳和两只铜制鹿角，鹿角上系五彩绸带。神帽上鹿角权数的多少，是判别萨满资历深浅、法术高深的标志。神帽后侧还挂着 18 根布条，代表着萨满神灵的九男九女。

鄂温克萨满神裙（见图 3-27）分两层，每层均有绣花，神裙下端绣有鹿等动物形象，腰部也绣有动物、树木、太阳等图案。神衣、神裙上有多种动物造型和日月、树木形象出现，这与当地的自然环境、信仰习俗密切相关。过去鄂温克萨满人把这些动物当作神来膜拜，视之为各部落的图腾，神衣、神裙上的动物形象，正是这些动物神灵的再现。

鄂温克萨满神鼓是用兽皮蒙制的单面鼓，直径约 60 厘米，鼓背面系有皮带、铜环，便于持鼓。萨满跳神时，神鼓变成他（她）的交通工具如飞鸟、坐骑、船只，载带萨满在天空飞翔、陆上奔驰、水中航行，去

图 3-27 鄂温克族萨满神裙

迎接神灵，战胜鬼怪。萨满佩戴神具跳神，使神灵附体，为患者治病，为本氏族驱灾祈祥，祈求人口增殖、六畜兴旺、农猎丰收，也为死者送魂。在跳神过程中，神具始终起着帮助萨满沟通人神世界的作用。

（五）达斡尔族萨满服饰

达斡尔族称萨满为"雅德根"。雅德根的神衣（见图 3-28）从领口到下摆，均匀地钉有 8 个大铜扣子，象征着八座城门；前胸左右襟中部，各钉有 30 个小青铜镜，共 60 个，排成六行，象征着坚固的城墙；后背悬吊着四小一大的五块青铜镜，其中最大的一块是护背镜，它压住其余四块小铜镜，以防妖怪从背后下毒手；胸前佩悬着一块中型青铜镜为护胸镜或护心镜，以防妖怪摄去心肺；腰部有一块一尺宽的方布，上面刺绣着双虎或双凤，左右下摆及袖筒各佩着三条下垂的绣花黑绒飘带，共 12 条，象征着雅德根的四肢八节；左右下摆的每一根绒条上都钉着 10 个铜铃，共 60 个，象征着木城墙上的众卫士；双肩上装有布制或木制的两只老鹰状小禽，雄者在左，雌者在右，是雅德根的使者，据说小鸟能把神的旨意悄悄地传到雅得根的耳朵里；法衣背面从腰部以下是条状神裙，它由绣着日月和鹿的上下两层共 24 条飘带组成，象征着孔雀斑斓的翎尾；其中上层的 12 条飘带，象征着盘栖在 12 种树上的动物"杜瓦兰"，下层的 12 条飘带，象征

着一年 12 个月，也象征神灵来往的必经之路；法衣外套的神坎肩，上嵌 360 颗贝壳，象征一年的天数，据说这些密集的贝壳，可以震慑鬼怪。

图 3-28　达斡尔族萨满服饰

达斡尔族雅德根初学者无权戴神帽，只能用红布包头，只有在举行第一次"斡米南"仪式后，才能戴上三杈鹿角的神帽，再经过三次"斡米南"仪式后，才能戴上六个角杈鹿角的神帽。神帽角上系有雅德根的神事阅历：人们每次请雅德根跳神，为酬谢他，便在其神帽的铜角上系一条绸缕。因而，绸缕的数量标记着每一位雅德根一生举行跳神活动的次数，代表着雅德根的水平。

(六)哈萨克族萨满服饰

哈萨克族萨满的服饰则是其鬼神观念、图腾观念的集中体现。哈萨克族称萨满巫师为巴克瑟。巴克瑟穿一身白色法衣，饰有白天鹅羽毛或披白天鹅羽毛衣。法帽是用白天鹅羽毛做成的。巴克瑟还用阔布孜琴作法器与神灵通话。阔布孜琴取杨柳科树材做成，为白天鹅形。哈萨克族萨满用白天鹅形象来打扮自己，旨在使一个肉体凡胎的人具备白天鹅那样的飞翔和浮水能力，从而去交会神灵。按照哈萨克族的古老观念，灵魂是一种飘游飞翔的物质，鸟禽是其呈现的形象之一。在哈萨克族起源传说里，始祖母被说成是白天鹅姑娘。这一形象是在灵魂观念基础上发展起来的祖灵崇拜与图腾崇拜相结合的产物，是母系氏族社会里氏族女酋长的化身。萨满教萌芽于母系氏族社会末期，民俗的传说与宗教的观念交会际遇，就产生了萨满教的巫师，她同时也是氏族的女酋长。女酋长的权力来源于天。白天鹅又是天神、灵魂的物化。因此，巴克瑟竭力用白天鹅形象来装饰自己，穿一身白色的法衣，并用白天鹅的羽毛作饰物，就不仅仅是在一般意义上获得白天鹅的飞翔和浮水能力，更重要的是获得萨满巫师的灵魂，获得始祖白天鹅姑娘的强大的神力。哈萨克族萨满的服饰和巫术巧妙地结合在一起，既形象地宣传了萨满教的教义，又充分显示了哈萨克族服饰独特的情致。

可见，萨满服饰绝非简单的日常装束，而是萨满信仰的象征物。在萨满服饰中，任何一种图案、任何一种饰品绝非偶尔拾之，更不能随意处置，它们是萨满文化的灵魂，是萨满借助神的力量，寻求神的庇护，与恶魔械斗，也是人世间氏族之间或部族之间的血战复仇的反映，只是它披上了一件神秘的原始宗教的外衣而已。萨满服饰体现出各民族先民的宗教信仰与当时社会生活条件下认识自然的思维观念是一致的。所以，萨满教以及萨满法师的服饰装扮，势必会对信奉萨满教的各族人民的着装产生影响。如哈萨克族对萨满教的信仰，主要体现在其形形色色的护身符、避邪物当中。

第六节　神秘的巫傩面具

傩来源于巫术，是一种古老的文化现象。在远古时期，人们对自然界中各种自然灾害和生老病死等现象都懵懂无知，于是总怀着敬畏、崇拜的心理与自然对话，并滋生了"万物有灵"的观念。他们将幻想中的神灵转化为具体的形象，除了借助服饰外，还有一样不可或缺的法器，即傩面具。巫傩面具是巫师通神的道具，通过祭祀酬神、驱鬼逐疫等活动才能消灾免祸，而后形成了驱鬼祭神、驱邪纳吉、驱疫降福、祈福禳灾、消灾纳吉的巫傩文化观念体系。可见，巫傩文化是古代先民们在万物有灵观念、图腾观念、鬼神观念、祖先崇拜观念支配下的产物。在祭祀活动中，巫师又称傩师，傩师所跳的舞称傩舞，所唱的歌为傩歌。在其形成和发展的漫长岁月里，与原始乐舞、巫术、图腾崇拜以及民间歌舞、戏曲等相互融合、相互依存、相互渗透，从一个角度形象而鲜明地反映了各少数民族的观念信仰、风俗习惯、生活理想与审美趣味，并在一定程度上体现了各民族的心理特质和精神追求。据不完全统计，我国 56 个民族中，至今仍传承巫傩文化的民族有汉族、蒙古族、藏族、侗族、苗族、土家族、瑶族、彝族、壮族、黎族、畲族、水族、仫佬族、毛南族、高山族、门巴族、珞巴族等十几个民族。

一、巫傩面具的功能与特征

在巫傩文化中，面具是神灵的象征和载体，占领着古代先民们的精神生活，是他们祈告神灵、驱邪逐魔、驱灾纳吉必不可少的道具。因此，早期的傩面具很多都是狰狞变形的兽形面具，散发出浓厚的神秘色彩与邪巫之气。随着人们对社会自然认识能力的提高，鬼神意识逐渐淡化，从早期傩文化的傩祭和傩舞发展到后来，形成了较为成熟的以酬神驱鬼为目的的傩戏。由于不同民族具有不同的文化背景，故巫傩面具各具特色。其无论在造型上，还是在内涵上，也都显示出各自鲜明的特点。但其共同特征是傩人以及信仰者把面具视为神物，是沟通人、鬼、神之间的工具，是鬼神的灵魂，是宗教意识化的凝聚物。巫傩面具的出现与远古时代的自然宗教——原始宗教的产生的关系是非常密切的。无论是傩祭活动还是傩戏演出，巫傩面具都被赋予了神秘的宗教和民俗含义。其发展，大体上经历了三个阶段：第一阶段是动物的面具，第二阶段是鬼神的面具，第三阶段是传说中英雄人物的面具。历代巫傩面具,一般都是以"肖神"为基本特征,这种"肖神"大抵是自然物的神化与神灵的人格化,二者的融合交织,造就了各地区、各民族千姿百态、各具神韵的巫傩面具。① 巫傩面具的各种艺术造型、质地选择、色彩运用、功利目的、民俗意向,等等,都因地域、民族、文化、审美等方面的不同而有差异。也正因为如此,巫傩面具更加千变万化、多姿多彩。

二、巫傩面具的造型

我国巫傩面具的历史传承与同时期的神灵造型相对应,并且随着宗教文化和社会发展的趋势有所变化,从原始社会文明、奴隶制文明到封建制文明,神灵及巫傩面具的形态也不断嬗变,于是便呈现出自然物型、兽型、兽人合一型、神人型巫傩面具,其间自然的动物性的成分渐渐减弱,社会的人性的成分在逐步增强。原始先民们相信歌舞能够帮助自己达到目的,而面具则是巫术祭祀仪式和歌舞活动中必不可少的,由于面具为祖先神灵的凭依之物,佩戴面具,就会沟通人神,获得神力。

傩戏的原始形态,保留在今贵州威宁彝族的"撮泰吉"里。"撮泰吉"是彝语,"撮"意为人或鬼,"泰"意为变化,"吉"意为玩耍游戏,意思是"人刚刚变成的时代"或"人类变化的戏",简称"变人戏",一般是在农历正月初三到十五"扫火星"的民俗活动中演出,旨在扫除人畜祸患,祈求风调雨顺、五谷丰登、安居乐业。"撮泰吉"的面具,被当作神灵看待(见图3-29)。这些面具制作简单,仅是粗略凿出五官,挖出三个孔表示眼睛和嘴巴,以当地杜鹃、漆树之类的高山硬杂木为主制作而成。面具制作工艺非常简单:先将圆木锯断,与人头大小接近,然后砍成与人面长宽相当的毛坯,再予以加工。其形状大小不一,一般大于正常人面,长约30厘米,宽约20厘米,基本上能将人的整个面部完全遮住。面具的特点是面相不分男女老幼,唯以有须和无须来区分性别和年龄。面具前额突出,脸鼻长,眼嘴小,单纯而简拙。面具色彩单一,不是用油彩精心描绘,而是在脸壳制成后用黑色涂料,诸如锅烟、墨汁之类涂抹,演出前用石灰、粉笔在脸壳上勾画出道道白线。每个面具的白线纹饰都不相同,或横或竖,或粗或细,有的呈放射状,有的呈波浪形,是智慧和长寿的象征。从面具雕刻工艺上看,简单原始,线条粗犷,朴拙天真,缺少神气、鬼气,带有猴气,这是"撮泰吉"傩戏巫傩面具造型的特点。戏中"撮泰"老人的年龄均在千岁以上,他们都是祖灵的再现和化身。当"撮泰"老人戴上面具后,上千年的岁月便如烟云般消逝,他们以祖先神的身份出现在世俗人们的面前,用对话和舞蹈再现彝族先民迁徙、农耕和繁衍的历史,并逐家逐户为子孙扫除邪

---

① 符均:《浅论巫傩面具的艺术特色》,载《艺术长廊》2002年第6期。

魔瘟疫。

图 3-29　"撮泰吉"面具

　　巫傩面具随着傩戏的发展成熟而逐渐发生变化，其造型日趋精细，丰富多彩。在各民族民俗活动中，宗教内涵、祭祀内涵、乐舞内涵往往相互融合、不可分割，其中既有宗教的色彩，又有娱乐的成分，民间常将傩坛祭祀与傩坛戏剧的演出合二为一。明清时期，傩戏愈加兴盛，有的甚至已成为民俗社火表演的一部分，出现了专门演出傩戏的班子。因神灵队伍的扩大和情节性表演的需要，傩神系列又进一步分化出男、女、老、少、文、武、正、谐若干类型。巫傩面具的造型特征更为丰富，但依然没有脱离程式化、类型化的面相，多以冠、帽、盔、巾及象征性的色彩、饰品、图案、符号等寓意手段来区分神灵角色。

　　以贵州的傩堂戏为例，傩堂戏又称为"傩愿戏""傩戏""傩坛戏"等，是覆盖面最广的一种民间信仰戏剧，主要流传于黔东、黔北、黔南的土家族、汉族、苗族、仡佬族、侗族、布依族之中。傩堂戏既有民间传统的祖宗神灵与巫教的崇拜，又杂糅道教、儒教、佛教的一些信仰，神谱显得庞杂且兼收并蓄，各路神祇进入自己的神坛，而且把民间祭祀祖先、祈求生育、祈求家宅平安、消灾驱邪、祈福纳吉等民俗事项都纳入傩坛的活动之中，成为与民间生产生活息息相关的娱神、娱人的信仰活动。正因为有民间如此丰厚的信仰沃壤，所以傩堂戏才成为中国最具生命力的民间剧种之一。傩堂戏面具的质料多为杨木和柳木，因杨木轻易不开裂，因而民间认为它可以避邪。造型上偏重于写实，也予以夸张，具有凝重实感。以雕刻手段塑造戏中各种不同造型的人物形象、性格、身份，由此产生出男、女、老、少、文、武、鬼、神、僧、道、丑等角色。从艺术造型上看主要有正神、凶神、世俗人物三大类：其中，正神是正直、善良的神祇，形象多为慈眉大眼、宽脸长耳、面带微笑（见图3-30）。土地神面具造型生动，多是满脸堆笑、慈眉善目、耳垂硕长、慈祥温和、友善可亲的老人面孔，显得敦厚诚实、稳重安详。凶神是勇武、凶悍、威猛的神祇，主要担负镇妖逐鬼、驱疫祛邪之职。其形象咄咄逼人，线条粗犷奔放。五猖（见图3-31），又称五路猖神，主扫除邪魔精怪，其双目圆睁、眉如烈焰、龇牙咧嘴、疾恶如仇的性格得以淋漓展现。

图 3-30　土地神面具

图 3-31　五路猖神面具

　　以师公戏面具为例，师公戏主要流传于广西汉族、壮族、瑶族、苗族、毛南族、仫佬族之中。师公戏面具主要根据年龄、性别和性格，分为老年文相、青年文相、老年武相、老年女相、青年武相、青年女相、凶相、丑相等各种不同类型的面具，素有"三十六神、七十二相"之说，面具数量多，且造型生动有趣。这比"撮泰吉"时的巫傩面具种类要丰富得多。

　　此外，"撮泰吉"形态下的傩戏，宗教色彩和神灵色彩非常浓厚；而此时的傩戏，其宗教色彩和神灵色彩已经淡化，戏剧特征日趋明显。加之受成熟戏曲的影响，傩戏中也不断引进较为完整的戏曲剧目，将驱鬼逐疫、禳灾纳吉的观念转化为酬神还愿，祈求民族生生不息、风调雨顺、五谷丰登的心理愿望。

　　毛南族傩舞戏面具共有36个，如三娘、土地、万岁娘娘、三元、社王等当地敬奉的神主，面具由老艺人依据传说中诸神的性格进行雕刻塑造，有的端庄秀丽，有的诙谐风趣，形态各异。图 3-32 所示为瑶王（左）、瑶婆（右）面具，瑶王是与毛南族隔河而居的白裤瑶的领袖，传说毛南族的新婚夫妇向万岁娘娘求子，得到后却不慎遗失，是好心的瑶王拾得，并将其归还。因此，瑶王深受毛南族人的喜爱和尊重，瑶王和瑶王的妻子瑶婆面具造型憨态可掬、滑稽可笑，嘴巴张开露出两颗门牙，显得格外自然生动。

图 3-32　瑶王、瑶婆面具

另外，以贵州的地戏面具为例，地戏是明代屯兵制度的产物，是用于阵前驱疫逐邪、激励士气的军傩，因为演出以村寨平地为舞台，故称"地戏"。地戏主要流传于安顺、贵阳、黔南、黔西南、毕节、六盘水等地。地戏面具种类繁富，角色众多，演出的内容都是与征战制敌的故事有关。其所演的剧目都取材于古代话本小说、历史演义或民间传说，如《封神演义》《三国演义》《说唐》《说岳》《杨家将》，等等。因此，地戏面具角色名称十分复杂，如《三国演义》戏班子一般有 40~50 枚面具。地戏面具大致分为帝王、武将、文官、道人、丑角、动物等类，其中武将在地戏中占有极重要的地位。将军不但有正派将军和反派将军之分，而且有老将、少将、文将、武将、女将之别。人们重视武将头盔的制作。头盔的纹饰既是美化的需要，又是区分角色的艺术手段，其眼、目、口、鼻的造型具有一定的程式，如正派将军，男性少将在眉毛造型上，讲究"少将一支箭，武将如烈焰"，豹眼圆睁，注重英俊洒脱、勇猛刚毅的气质刻画。图 3-33 所示为秦叔宝面具，他是《说唐》中李世民手下的大将，被民间崇奉为镇邪驱鬼的门神。女将凤眼微闭，眉毛为一根线，注重端庄娴静、富有美感。
穆桂英是《杨家将》中的重要角色，穆桂英面具柳眉细
长，凤眼微闭，粉脸透红，其耳翅则选择龙凤与吉祥
花草为装饰图案(见图3-34)。反派将军面具(见图3-
35)多刻画满脸横肉、霸气横蛮、怒目而视的表情。
反派将军的嘴部有天包地、地包天之别。天包地即上
牙咬下唇，地包天即下牙咬上唇，后者更显剽悍、凶
狠。武将头盔一般以龙、凤作为装饰，男将多为龙
盔，女将多为凤盔，有的盔上还饰有大鹏、白虎、鬼
头、蝙蝠、蝴蝶、鲤鱼、喜鹊、莲花、星宿和花鸟
等。武将耳翅多以各种龙、凤和吉祥花鸟作为装饰图
案。在面具的装饰技法上将浅浮雕与镂空雕相结合，
刻工注重简练、明快，精细而又不繁琐。造型以写实

图3-33　秦叔宝面具

为主，兼有夸张。面部雕刻简洁明快，轮廓分明，个性特征突出。

图3-34　穆桂英面具

图3-35　反派将军面具

三、巫傩面具的色彩

　　巫傩面具的色彩运用，有一个由感性走向理性、由稚拙走向娴熟的发展过程。在早
期的巫傩面具中，对于色彩的运用不甚讲究：皮肤白嫩，便涂之以白；皮肤发黄，便涂

之以黄；皮肤黝黑，便涂之以黑。虽然有较强的色彩观念，但是色彩观念尚未上升到理性高度，因为它只是以自然本色为基础，没有表现出色彩的寓意化、装饰化和工艺化。艺术上较为成熟的巫傩面具，在色彩的寓意上以自然本色为基础，并从同类颜色中受到启发，引起联想，这样色彩本身便具有了较为复杂的含义，包括宗教、道德、性格的含义，色彩技巧也日渐成熟，形成了一定的艺术程式。不同民族的色彩性格都有不同，以面部的设色为例：汉族地区常将红色代表太阳、火焰、血液的颜色，表现一个人的忠勇、热情与血气方刚的性格；黄色为基本肤色，表现中老年人的沉着、老练性格；蓝色多用靛蓝，是庙堂中的"阴色""鬼色"，用以表达人物阴沉恐怖或桀骜不驯的性格；白色是纯净的颜色，表现洁白、文静、善良，另外也表现反面人物的奸诈；黑色是风吹日晒者的肤色或漆黑的夜色，以表现阴间神鬼或质朴、率真、刚正的人物性格。藏族民俗歌舞"羌姆"（即跳神）面具及藏剧平板面具的色彩性格则是：红色代表兴旺与权利；黄色代表知识与富有；绿色代表生命；白色象征纯洁，代表真善美；黑色象征阴暗，代表丑陋与邪恶。黑白二色(阴阳脸)，表示口是心非的两面派。我国巫傩面具除了红、黄、蓝、白、黑五种基本颜色外，还有金银二色，并以色相明快的二间色如绿、粉、橙、紫相配，使色彩强烈跳跃，形象鲜明突出。巫傩面具的色彩运用为传统戏曲所吸收。如今戏曲舞台上的各种脸谱在色彩运用上，与巫傩面具有异曲同工之妙，可以明显看出中国戏曲脸谱受巫傩面具的影响很大。

四、巫傩面具的装饰

中国自古以来就非常重视器物、图案、面具的装饰性，作为宗教性巫傩仪式上的神灵面具，自然也不例外。现存民间的巫傩面具在制作上讲究主次分明、繁简得当、工艺精到。如正神的面具，面部五官刻画精细，不仅用细密的发丝、饰物、盔帽加以烘托，还进行纹饰化的处理，将其制作成各种对称的、装饰化的块面和纹理，形成一种美感。巫傩面具也尽量运用装饰性的技巧，用对比的方法，即半面正、半面歪，半面哭、半面笑，一眼睁、一眼闭，在对比中产生情趣，可谓匠心独运。装饰性的图案本身又是一种符号，可以寓理，因此，带有特定含义的图案符号同时又成为刻画身份、性格及其他特征的素材。这类符号，既用于盔帽、头饰，也用于五官造型和额、颊部分纹饰的添加。面具中比较常见的装饰性符号有：龙比喻男子，凤比喻女子，白虎比喻勇猛善战的大将，蝙蝠比喻"福(蝠)将"，牡丹比喻富贵，鲤鱼比喻有余(鱼)等，还有如雷公嘴、狮子鼻、丹凤眼、虎口、柳叶眉等不同的程式，也因寓意的纹饰化处理和色彩变异而能够表情达意，充分体现了巫傩面具独特的神韵。

　　傩面具艺术是巫傩文化中最具特征的符号，显示了傩文化、傩戏的不朽的魅力，它以独特的韵味，体现出上古先民们的生命观和浪漫的想象力，成为一座沟通蛮荒时代与当今岁月的桥梁。它向我们揭示了傩文化载体的产生、发展及变化过程，以及蕴含在巫傩面具中的中国造型艺术的原型。它不仅是历史的遗迹，也是一种活的文化力量。对于远古先民来说，傩面具是神灵，是保护他们、决定他们生死存亡的强大的神，是沟通阴阳两界的工具，是连接死亡与生命的桥梁。随着历史的进程，巫傩面具原有的鬼神崇拜、宗教迷信内涵逐渐淡化，转而开始注重体现民众审美观念和审美情感，其艺术性、娱乐性的审美价值日益增强，充分表达着人们对美的追求与对丑的屏弃。尽管现今的人们已不相信什么鬼神的存在，但以驱鬼除疫为宗旨的傩戏，却仍依附在一些地方的民俗中，而且发展成一支颇有艺术和文化厚度的傩文化。马克思说："人是按照美的规律来塑造的。"[①]巫傩面具所体现出来的、富有东方美学色彩的特殊审美定势，即人们在极端的凶狠丑陋中去发现一种战胜丑恶且具生活情趣、能震撼人心的力量美，人们在顶礼膜拜时寻求一种庇护、一种精神的享受和寄托之情。

---

　　①　[德]马克思：《1844 年经济学哲学手稿》，人民出版社 1979 年版，第 50~51 页。

第四章　图腾崇拜——民族服饰中的精神显现

图腾象征物，就是人们对图腾崇拜的观念的物化，既有"守护神"的作用，也是一种凝聚族人精神的力量。作为崇拜的对象，人们所看重的图腾不是它的自然形象本身，而是它所体现出来的血缘关系。人类先民相信，人与某些动物、植物或其他自然物有着亲属或其他特殊关系，相信它们不会伤害自己，意图借它们之威力来表示其巨大无比的威慑力，或借自己的身体装饰，来达到与动植物之间沟通的目的，或干脆把自己视为某图腾氏族的后代，以期获得它们超人的力量、勇气和技能，此物即成为该氏族的图腾——保护者和象征。

第一节　民族服饰中的图腾特征

在中国 56 个民族的大家庭中，由于各民族图腾的观念不同，所崇拜的图腾象征物也不一样，有一个民族崇拜一个图腾的情况，也有若干民族共同崇拜同一图腾或一个民族崇拜多个图腾象征物的情况，表现在民族服饰中的方式多种多样，从而造就了中国民族服饰的千差万别。图腾崇拜表现在服饰上，主要就是根据图腾同体化的原则，通过服饰形态对图腾进行模仿，或者将服饰直接制成图腾物的形状，或者以图腾物的皮毛制成衣物，或者模仿图腾动植物体态文身，或者在服饰上绘绣某种图腾图案等。虽然历经数千年，我们依然可以感受到近现代少数民族的图腾文化，以各种不同的形式渗透在生活的各个领域，其最为典型的就是以神话观念中的图腾形象向服饰渗透与辐射。从民族服饰的一些特点来看，民族服装上凝聚了图腾崇拜多元化的印记，神话观念中的图腾形象，尽管已经过世世代代许多无名艺术家的加工、美化、变异，却依稀可辨人类种种图腾观念在服饰中的渗透和辐射。图腾象征物在民族服饰中主要体现在以下两个方面：

一、同一图腾象征物在不同民族服饰中渗透

同一图腾象征物为若干民族共同崇奉，其原因之一，很可能是人类在童年时代，对自己身边的自然物，有的感到畏惧，有的感到感激，有的感到神秘莫测，这些对象均可能被选为自己民族的图腾。还有一种可能性是某个原始氏族后来分化为若干支系，而有的支系发展为新的民族，或某民族的部分群体迁徙后，繁衍为一个独立的部族，但仍保留了原先的图腾崇拜。我国的 56 个民族，根据语言系属可分为汉藏语系、阿尔泰语系、南亚语系、印欧语系、南岛语系和两个未定语系的民族。通过研究图腾和语系的关系，我们发现同一个语系语族语支的民族，他们的原生图腾形象是相同的，同一民族有同样的信仰或者不同民族有同一个图腾崇拜对象，崇拜同一图腾的几个民族，其服饰一般都有共同点。不同的民族受到气候环境、生活习俗及宗教信仰等方面的影响，图腾在服饰中的表现有相通之处，同时又各具特色。图腾作为崇拜对象，主要不在于它的自然形象本身，而在于它所体现的血缘关系，所以图腾崇拜的意义就在于确认氏族成员在血缘上的统一性。图腾是群体的祖先，认为群体成员都是由图腾繁衍而来，是群体的保护神。因此，根据语言系属分类分析图腾便与祖源联系起来，从而更清晰地认识少数民族服饰中图腾象征物的形象特征。服饰中所显现、承载的某种物象图腾，多成为各民族的"标记"或"图徽"，先民们认为装扮成图腾形象可以得到图腾的认同和庇佑，能获得平安和幸福。

　　如以羊为图腾的民族有：羌族、彝族、纳西族、土家族、藏族、傈僳族、拉祜族、哈尼族、普米族、门巴族等。以虎为图腾的民族有：彝族、鄂伦春族、赫哲族、土家族、羌族、傣族、白族、纳西族、珞巴族、德昂族、普米族、傈僳族、哈尼族、怒族等。以龙为图腾的民族有：汉族、布依族、佤族、苗族、侗族、黎族、傣族、彝族、白族等。以葫芦为图腾的民族有：彝族、壮族、苗族、白族、傣族、德昂族、基诺族、仫佬族、阿昌族、布朗族等。以蛇为图腾的民族有：高山族、哈尼族、傈僳族、彝族、白族、怒族、珞巴族、满族等。以狗为图腾的民族有：瑶族、畲族、彝族、怒族、羌族、黎族、哈尼族等。以牛为图腾的民族有：藏族、壮族、傣族、苗族、布依族、彝族等。以鹰为图腾的民族有：藏族、哈尼族、塔吉克族、柯尔克孜族、鄂温克族等。以蛙为图腾的民族有：壮族、彝族、普米族、纳西族、珞巴族、布朗族等。

　　不同民族的图腾崇拜对象，有时却又是同一的。因此，在不同民族的服饰中，往往会出现服饰材料、局部样式或纹样相似的现象，这也是图腾崇拜和民族服饰关系的错综复杂之处。

二、不同图腾象征物在同一民族服饰中渗透

　　同一民族服饰中，其图腾形象是多样的。无论是同一个民族的不同支系，还是同一

民族的同一支系，图腾崇拜的对象可能是各不相同的，有时各支系的图腾形象会出现相互交错的状态。由于同一民族在支系上有不同的图腾崇拜，影响到服饰上，往往是同中有异，或是差异很大。如侗族人崇拜日、月、星辰、鸟、蛇、葫芦、蜘蛛、榕树，因此他们的服饰上频频出现太阳纹、月亮纹、"卍"字纹、"十"字纹及凤鸟纹。其中太阳纹的差异较大，有的是光芒四射的白色圆形花纹，如黑色上衣的太阳纹；有的是绣各种花卉的五彩缤纷的圆太阳纹，如背兜上的太阳纹，它成了孩子们的护身符；有的用五彩绣片拼成一个大团花，反映了侗族人对太阳的崇拜心理。龙蛇纹也是侗族图腾崇拜的主要纹饰（见图4-1），芦笙衣是祭祀的礼服，上面大多用龙纹装饰。湖南通道的芦笙衣背面有一对龙纹，

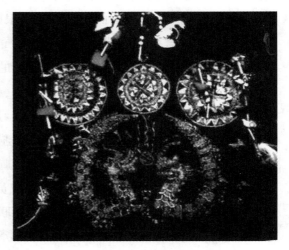

图 4-1　侗族芦笙衣的龙纹

龙身用黄线和蓝线绣成，鳞甲斑斑，上方三个圆为日、月、星辰，挂饰有白羽珠串。有的龙纹变成抽象的涡纹，而妇女和儿童服饰上的龙纹则更为写实，是善良、灵巧、可爱的龙纹形象，并用马尾绣成具有立体感的龙纹。壮族的各种织物和饰品上，也多刺绣有太阳纹或月亮纹等。少数民族多借服饰上的花草图表达自己的宗教信仰和图腾观念，以护身驱邪，求得人生吉祥。

　　羌族信仰万物有灵，对天地日月、世间万物都极其崇拜，其中最崇拜的即为火、云、水、石等。除了表现自然崇拜的火纹、云纹、山纹、水纹等，还有表现植物崇拜的阔叶纹、藤蔓纹、花朵纹、窄叶纹等，另外有表现祖先崇拜的白石崇拜。表现在羌族服饰中，有日常喜闻乐见的动物、植物以及几何图纹，如植物中的花草、瓜果纹等，动物中的鹿、狮、兔、蝙蝠、鱼、虫和飞禽纹等。比如羌族小孩头戴的虎头帽、服饰上的蝴蝶纹、珍禽纹、牛头与羊头纹等都是取材于动物崇拜。服饰上的纹样内容多含吉祥如意，以及对幸福生活的憧憬和渴望，如"团花似锦""鱼水和谐""蛾蛾戏花""喜鹊闹梅""凤穿牡丹"等。羌族的挑花刺绣主要用于衣服、裤子、头帕、鞋子、腰带和身上其他饰品的装饰，生存环境和宗教信仰是羌族挑花刺绣的取材源泉，其中宗教信仰是主要因素。这些装饰性强的花纹，在羌族人民的衣裙、围腰、鞋、头巾、枕套上随处都可见。

　　彝族先民对天体的各种现象极不理解，充满了神秘感。天体中最直观的是日月，人们"日出而作，日落而息"，太阳普照给人以温暖、光明，但久阳不雨又会带来旱情和

酷热,当彝族先民从采集狩猎进入牧耕时代时,天体气象更是直接影响了农业的丰歉和畜牧业的兴衰。在彝族的典籍《古侯》《勒俄特依》里均记述了彝族先民在太古时期与日月进行的顽强斗争,在强大的自然力面前,当人们感到日月之光不可抗拒时,敬畏感和祈福感会油然生起,这导致了他们对日月的崇拜之情。最初,这些形象被描绘在彝人的食具上,后来延伸于服饰上。因此,彝族服饰体现着多种崇拜及万物有灵的观念。在彝人的心目中,龙虎鹰凤、山川河流等都能驱邪除害,而这样的"符号语言"表现在服饰中,特别常用的有一些特定动植物、日月星辰等变形纹样,或者某些动物形象的佩饰,这些都与彝族原始宗教信仰和崇拜体系有关。这些图案通常包含自然类纹样如日月纹、云雷纹、彩虹纹、山川河流图纹等,植物类纹样如蕨类植物纹、马缨花纹及山茶花纹等。

透过彝族服饰上精美的图案、斑斓的色彩,不难看出彝族先民对花鸟鱼虫、天地水火、日月星辰等各种自然物的虔诚崇拜,且把这些象征着民族神秘起源的特定标志绣在服饰上,以祈求福祉、避免灾祸。有的服饰在自然宗教仪式或巫术魔法中就是最好的祭物与法器。原始崇拜中的神,来自图腾,其物种多来自动物、植物以及自然天象。这些灵物皆源于自然,与人类的生产、生活有密切的关系,人们认同它们、崇拜它们、祈求它们,并使之神化,于是便有了禁忌和巫术,产生了各式各样的祭神活动,如祭天神、祭地神、祭水神、祭山神、祭石神、祭花神、祭火神等。

除了万物有灵、自然崇拜的观念外,彝族还认为其"祖灵"也会依附在一些具体的动物、植物或无生命的物体上。这些祖先的精灵,彝族称为"吉尔",是吉利、运气的象征,它能驱逐邪恶、避免灾难、保护家人。彝谚有云:"家中的吉尔不变心,外面的鬼怪难害人"。这种"人接近了神,神又靠拢了人"的宗教观,为人们幻想驾驭自然、征服自然的良好愿望,无意间折射出一个神话般的世界。彝族服饰无论从头饰到尾饰,还是从色彩到图案,处处表现出对祖先的崇拜。面对自然界的多灾多难,人常常显得束手无策。如果说原始宗教从精神上安慰人,神话从精神上鼓舞人,那么,万物有灵、多神崇拜在彝族服饰中的展示,无疑是彝族在其历史进程中度过漫长童年时期的真实记录。可见,彝族服饰上的狮子纹饰、松鼠纹饰、猴子纹饰、猫纹饰、喜鹊纹饰、蛙纹饰、鱼纹饰、蛇纹饰等纹饰均与图腾崇拜有关,因为彝族先民在历史上曾以这些动物为图腾。

在我国56个民族中,彝族的图腾最多,据调查,计有虎、葫芦、獐子、绵羊、水牛、斑鸠、白鸡、蛤蟆、象牙、香茗草、榕树、芭蕉果、酒壶、蜂、鸟、鼠、猴、黄牛、凤、蛇、龙、狼、熊、蛙、蚱、鸡、犬、鹰、山、水、竹、梨、松、柏、草,等等。在同一民族服饰中出现多种图腾形象的还有傣族,其图腾有龙、雄狮、虎、牛等。

怒江傈僳族有 10 多种图腾：虎、熊、羊、鱼、蛇、蜂、鼠、鸟、猴、竹、柚木、麻、菌、雷、火、犁和船等。怒族的图腾有虎、熊、蛇、蜂、猴、鼠、鸟、狗、牛等。满族的图腾有乌鸦、野猪、鱼、狼、鹿、鹰、豹、蟒蛇、蛙、鱼等。

由此可见，在同一民族服饰中随处可见不同图腾象征物，其取材于生活，大致包括人物、动物、植物与自然物等几个方面，主要通过各种图案纹饰表现少数民族先民们独特的审美心理和对生活的挚爱。从深层意义上说，少数民族服饰图纹的实质，是图腾崇拜观念内容向艺术形式积淀演化的结果。

三、民族服饰色彩成为图腾崇拜的中介

色彩，有时可以成为观察、研究古今图腾文化的一种中介。各少数民族对某种色彩的选择，除了受少数民族特有的审美心理支配外，更是被赋予了更丰富、更深刻的图腾文化内涵。通过研究民族服饰的色彩，我们同样可以发现古今图腾文化在服饰上的印记。

如崇拜虎的民族有彝族、土家族、羌族、傣族、白族、纳西族、普米族、傈僳族、阿昌族、哈尼族等。土家族、白族、普米族均以白虎为图腾，以白为贵，男女老幼都喜欢穿白色服饰。在服饰上崇尚白虎的观念也融入了民族的服饰之中。普米族将白额虎视为他们的祖先，不仅仅因为动物"虎"代表了普米族人民的气质和面貌，更重要的还在于虎的颜色——白色。生活在滇西北宁蒗、丽江、兰坪等地的普米族人尚白，衣饰以白色为主，妇女均着白色短襟大衣或白色百褶长裙，背上披一张纯白色的绵羊皮；男子亦身着白衣，披白色羊皮坎肩，裹白布绑腿。这种服饰色彩与其民族的原始宗教信仰密切相关。

与普米族毗邻的纳西族，同样也有崇尚白色之习俗。不过，在纳西族看来，白色具有更为深刻和厚重的文化内涵。在纳西族叙述的黑白部落的战争中，"白"是光明、正义的象征，"黑"则代表着黑暗与邪恶，"白"与"黑"成为天上人间的"善"与"恶"力量的象征，自出现伊始就展开了激烈的争战。在天神的帮助下，白部落终于战胜了黑部落。此即纳西族"以白为善，以黑为恶"观念的来源。这一观念源于原始人类对于光明的向往和对于黑暗的恐惧。同时，纳西人信奉东巴教，认为白色代表吉祥、圣洁之意，以拥有白水台而著称的中甸白地被视为东巴教的圣地。东巴经书中记载的东巴教教主丁巴什罗，穿白裤、骑白马。这些信仰体现在服饰上，就是纳西族妇女们把代表光明的日月星辰佩缀于自己心爱的白色羊皮披肩上，创造出独特的七星披肩，并把它看作自己的护身符，缀在羊皮上面的大圆图案，左圈代表太阳，右圈代表月亮，七个小圆则代表七颗星

星，因而也称为"披星戴月"。

与之相反，彝族、傈僳族、阿昌族、哈尼族等民族以黑虎为图腾，其中彝族以尚黑著称，尚黑一是源于彝族的图腾崇拜，传说彝族的先祖是一只黑额虎；二是与其族源有关，彝族源起西北羌戎，羌戎尚青衣。唐宋时彝族被称为"乌蛮"，即黑彝。彝族人认为黑色象征庄重、严肃、深沉，包含了高、大、深、广、多、密、强等意义，并以黑色为贵，因而此习俗沿袭至今，男女服装更是以黑色为主。今凉山彝族自称"诺苏"，乌蒙、哀牢山彝族自称"纳苏""聂苏"，意皆为尚黑的民族。彝族人不仅服饰尚黑色，就是骨头亦尚黑色。凉山的彝族认为，只有黑骨头的人才能做官治人。据明代《云南图经志书》载，彝族"有黑白之分"，黑贵而白贱。唐樊绰的《蛮书》也有乌蛮"妇人以黑缯为衣，其长曳地"，白蛮"妇人以白缯为衣，下不过膝"的记载。就是到了民国时期，彝族地区仍然以黑彝为贵族，谓之黑骨头；以白彝为平民，谓之白骨头，而且特别讲究血统，血统混杂不纯者，谓之花骨头、黄骨头，其地位还在白骨头之下。这一现象反映在服饰上更为明显，黑彝无论男女老少皆以一身全黑为贵，女子多裹素黑无饰头帕，穿全羊毛或纯棉布服装，上衣不用彩饰，做黑、蓝素花边，裙边镶黑布条，老年妇女只穿黑裙，小孩不得穿花哨服装。白彝则穿自制的羊毛或麻料衣服，女子服饰五颜六色、艳丽夺目，裙不过膝。

彝族的传统服饰以自染黑布为料，男子全身皆黑，女子多裹黑包头，服装以黑、白、蓝为底，镶以花边。黑、青、蓝等深色在彝语中一概称"纳"，意为黑。至今遗风尚在的滇西永德乌木龙彝族的服饰即可佐证。乌木龙的彝族，自称俐侎人，男子全套服饰为黑色，上裹大包头，圆领左斜襟或对襟衣服，衣外束黑布腰巾，下着大摆裆长裤，脚穿草鞋或赤足。女子亦上裹黑布大包头，加盖层叠包巾，青年女子的包巾喜爱用黑方格花布，上穿无领对襟黑长衣，以银泡做纽扣，襟两边镶方形银片，袖口有蓝、黑花纹图案，下着黑筒裤，系长尾围腰，穿黑底绣花船形鞋，背蓝黑宽大布袋。全套着装显得大方、整洁、高贵，颇有秦代以黑为贵的古风。可见，不同民族崇拜同一图腾形象，但是在服饰色彩上存在明显的差异。

羌族白石崇拜的神性特征不是天然石块，而是白色。白石神最初乃是羌人天神或祖先神的"人格化"的化身，然后是一切神灵的表征。作为神灵供奉的白石，须选择洁净石块，一般应由巫师作法安置，淋以鸡羊血或牛血，方能表征神灵。羌族尚白，以白为吉，以白为善。在他们的多神崇拜中，尤以崇拜白石和羊为甚。在服饰上，羌族人无论头帕、羊皮坎肩、麻布长衫，还是腰带、绑腿，都喜用白色。即使采用挑绣工艺，也大多是在蓝布上挑白花，或在白布上挑蓝花、红花，总是以白为主色（见图4-2）。传说，居于西北草原的古羌人在被迫迁徙途中，路遇敌兵追击，幸有天女及羌人祖先自天上抛下三块白石，变成三座大雪山，阻止追兵前进，羌人才得以南下，到达松潘草原，并继续南迁茂县。羌人在此游牧时，又受到一支被称为"茂基"部族的侵扰，羌人以白石对付茂基人的白雪团，首战告捷，继而全部得胜，此后羌人得以在岷江上游安居乐业。为报答神恩，羌人以白石作为天神的象征，后来又作为一切神灵甚至祖先的象征而进行崇拜（见图4-3）。在羌族地区的山间、田地、林中、屋顶、门窗、室内，均有供奉白石的习惯。而在羌人房屋的顶部一般则供奉有五块白色的石英石，象征天神、地神、山神、山神娘娘和树神。也许正是因为这些传说，羌族男子服饰以白色为主格调。

图4-2　白裤瑶男子裤子图案

　　在云南西双版纳地区，哈尼族服饰的底色离不开红、黑两色，是因为当地人认为红、黑两种颜色为天地的颜色。哈尼族传说是人类始祖"松咪窝"摇动红黑石头而创造了天和地。为了感天应地，红、黑二色便成为当地哈尼族服饰中必不可少的颜色。

　　瑶族信奉犬崇拜，以盘瓠为图腾。传说龙犬盘瓠"其毛五色"，所以瑶族喜穿"五色衣"。瑶族无论男女，都在领边、袖口、裤沿、胸襟两侧绣上花纹图案。瑶族的支系白裤瑶的服饰色彩更突出具有怀念其祖先的内涵，男子白色裤子正面各绣有五道好似血手印的红色直线，传说这是其祖先抵御外族入侵时受伤时留下的。

　　傣族尚黑崇白，服装主要以黑色为主，即以青黑为基本的族徽和祈佑色，与崇拜青蛇、青鸠图腾有关，而多彩饰，又与崇拜孔雀图腾是分不开的。玄鸟图腾或玄鸟崇拜在畲族、阿昌族、傈僳族等十几个民族中均存在。因为"玄"的本义是黑或黑中加赤色。畲族服饰也以黑、青、蓝色为

图4-3　羌族白石崇拜

主要色调，尤其是黑色；凡凤凰装等重要礼服，必以黑布为主。

阿昌族已婚男女的包头是黑色的，男子多穿黑色对襟短上衣，黑色大直筒长裤，头上插有红、绿色小绒球；姑娘们的主要服装也是以黑布衬底（见图4-4），前面用鲜花和极色绒珠、璎珞点缀；有的在左鬓角戴一银首饰，像一朵盛开的菊花，上面镶嵌玉石、玛瑙、珊瑚之类；另外姑娘们还以银圆、银链为胸饰，颈上戴银项圈数个，光彩夺目。

图4-4　阿昌族妇女服饰

苯教最初是在今阿里地区南部、古代称作象雄的地区发展起来的，后沿雅鲁藏布江自西向东广泛地传播到整个藏族地区。从内容上看，苯教是一种万物有灵的信仰，所崇拜的对象包括天、地、日、月、星宿、雷电、冰雹、山川、土石、草木、禽兽等自然物。苯教可以说是泛灵信仰在西藏的地方形式。在藏族人的心中，白色象征着圣洁、美丽与吉祥，是一切美好事物的象征。在藏族的神话传说中，阿尼玛卿山神披白衣，骑着白马，挥动着牧鞭在白云上放牧，他有着无穷的智慧和慈善的心灵，震慑着群魔，保护着黎民百姓。其他的神灵都身着白衣或化身为白色的动物，著名的格萨尔王就是头戴白盔、身着白甲、手执白刀的英雄。藏族服饰中，白色是常见的颜色之一，男女多身着白色上衣、白羊皮袄、白麻布衫等（见图4-5）。

图4-5　藏族男子服饰

据哈尼族的创世传说，荒古时期女神陂皮密依摇动三块巴掌大小的红石头，让其在摇晃中渐渐变大，升为平展的天空，又摇动三块巴掌大小的黑石头，在晃动中铺成凸凹不平的大地。此后，天神又创造了日月、人类。哈尼族的红色头饰和黑色衣装，显然与这种天地之色的观念分不开(见图4-6)。

图 4-6　哈尼族女子服饰

　　在许多少数民族的心中，这个世界是个遍布神灵的世界。天有天神，地有地鬼，山有山妖，水有水怪，兽有兽精，树有树灵，人也有不同性质和不同种类的魂魄。如哈尼族民间传说，很久以前，哈尼族人喜欢穿白色和浅蓝色衣服，鲜艳夺目。由于目标突出，鬼怪便常常乘人不备出来活动，男子被缠住便害病，妇女被缠住便常遭污辱。人们因此提心吊胆，生活不得安宁。一天，有两个青年妇女上山干活，鬼怪发现后便来追赶，她们没命地逃跑，往树林里钻，在灌木丛中滚，一蓬蓬蓝靛叶把她俩的衣服染成了黑色，从而躲过了鬼怪的追捕。从此以后，哈尼族人便穿黑色衣、裙、裤，视黑色为生命的保护色、生活的吉祥色和最美的颜色。

　　为了避免鬼魂作祟，人们在服色上表现出自己的愿望，利用服色来与冥冥之中的鬼魂抗衡，这时的色彩具有双重含义，一方面代表邪恶、非正义的事物；另一方面代表具有能够战胜一切妖魔、邪道的巨大威力，色彩同时具有可以驱邪的属性。

　　基诺族传说开天辟地之前，世上只有水、天和太阳，后水中浮出一个戴白色尖顶帽、穿素白色衣裙的女人，这就是基诺族的女始祖阿嫫小白。她搓下手中的泥做成地球，用泥土造出基诺族，基诺族后人就依照阿嫫小白的服饰，缝制了洁白的三角尖顶帽和洁白的衣裙。基诺族服饰色彩尚白与其祖先崇拜观念有密切联系。苗族的服色则与祖先的迁徙路线有关，如裙子下摆的各色条纹表示迁徙中经过的山川河流，蓝色条纹象征水浪，红色条纹象征红河，白色条纹象征黑河，黑条上的花纹寓意祖先曾在此定居，繁衍后代。

透过服饰色彩，我们依然可以感受到色彩背后隐藏的图腾印记。从普米族、纳西族、彝族等民族服饰的用色上我们不难看出，这些民族服饰所用色彩的深层文化意义远远甚于色彩的美学意义，他们对色彩的需求，更多的是伴随远古图腾信仰这种原始意识的存在而存在的，因此可以说这些少数民族服饰采用的颜色是其原始图腾崇拜观念的外化。

四、民族服饰款式中的图腾崇拜

通过服饰款式对图腾形象进行模仿，以图腾物形状为服饰款式的习俗，在少数民族的服饰文化中得到了直观的体现。如在瑶族服饰中，无论男女皆在领边、袖口、裤沿和衣襟两侧绣上色彩鲜明的花纹图案，上衣则特意剪成前短后长；妇女将发髻梳成角状，再覆以花帕，腰带故意在臀部掉下一截，以比喻狗尾；儿童则戴狗头帽，穿狗头披风。

滇西的苗族喜穿五色斑衣，衣冠上有龙纹，衣后有尾饰；在黔桂交界处都柳江流域的苗族的盛装叫"百鸟衣"，这种衣服不但色彩斑斓，衣裙周身还缀满白色的羽毛；贵州清江流域一带的苗族更有"鸡毛大花衣"。

哈尼族自认为是布谷鸟的后裔，并把它尊称为"合波阿玛"（布谷鸟妈妈），认为布谷鸟是天使阿波摩烽派遣来向人间传达春天的消息的，因而其装束形如飞鸟，在衣服下摆的左右两端或背后部中央处，都留有"V"形剪口，后翼整块形同飞鸟。若将哈尼族人的服饰从头到尾连为一体，就可见到一幅形象的"春燕展翅图"。哈尼族以鸟形作为自己民族服饰的"标记"，表明他们与神鸟图腾具有血缘关系。

云南的部分彝族视喜鹊为吉鸟，因而也常穿一种模仿喜鹊的服装，即戴黑头帕，穿黑背心、白袖子，从背后看去，很像一只黑头黑身白翅的喜鹊。

傣族人民以孔雀为图腾，傣族妇女筒裙上晶莹漂亮的孔雀羽毛纹样，已成为傣族服饰的代表和民族的象征。

畲族妇女的服饰以"凤凰装"最具特色。在服饰和围裙上绣着各种彩色花边，有大红、桃红夹着黄色的花纹，镶金丝银线，象征着凤凰的颈、腰和美丽的羽毛；红头绳扎的头髻，高高盘在头上，象征着凤髻；全身悬挂着叮当作响的银器，象征着凤凰的鸣叫。相传畲族始祖盘瓠王因为平番有功，高辛帝招他为驸马，在他与三公主成亲时，帝后娘娘给了三公主一顶非常珍贵的凤冠和一件镶有珠宝的凤衣，祝福女儿三公主像凤凰一样给生活带来吉祥如意。三公主与盘瓠王结婚后生下三男一女，当女儿长大出嫁时，美丽的凤凰从广东凤凰山衔来了五彩斑斓的凤凰装，因此凤凰也就成为畲族的图腾之一。

　　瑶族、彝族、畲族、纳西族、哈尼族等民族直接将图腾物与衣饰合一，以使自己同其崇拜的动物在外形上相似甚至一致，从而达到保护自己的目的。它是这些民族先民的图腾观念的一种外在表现。

第二节　图腾的象征物为人物

　　万物有灵，是人类先民的普遍信仰。先民们认为人是最伟大的，人的灵魂与宇宙万物的灵魂相通，可以相互转化，世间一切都是人创造出来的，因此人是神圣的象征，他们相信人类团结的力量，最终发展为对人自身的崇拜。先民们通过人物纹样反映了社会生产、生活、爱情、婚姻、宗教活动的方方面面。在实地考察中，我们随处可见各种人纹装饰，如在原始岩画中就有人类捕猎的场面，生活用品中有人类活动的情景等。人作为被崇拜的对象也常常反映在服饰上，人们认为人形符号作为护符或替身，可帮助有血有肉的真人抵挡一切灾难。这些纹样有的以单个或一对对的形象出现来表现，有的以几何形态出现，呈纵向或横向排列，生活场面，生动可爱。

一、彝族人纹

　　云南彝族绣花裙上的人纹很有意思，如图4-7和图4-8所示，人纹的头部忽略了五官，夸张了头饰，将身体化为简洁的几何形状的组合，人纹呈竖向和横向直线重复排列，但注重色彩的变化，呈现出强烈的节奏感。

图4-7　彝族裤脚上的人形舞蹈纹

在云南楚雄的彝族，人形纹是以挑花手法挑成的二方连续人体变形纹，此纹样为手牵手正在跳舞的女性（穿裙）群体形象，称为"人形舞蹈纹"。人形舞蹈纹样是一种最古老的彝族纹样之一。楚雄州东部的武定、禄丰、永仁、元谋、双柏以及昆明市的禄劝、富民，曲靖的寻甸等县的彝族妇女裤脚都有挑花人形纹样图案（见图4-8），细看那些手拉手、在一起载歌载舞的人形纹图案，仿佛感受到一股积极的力量。

图 4-8 彝族裤边和袖边上的人纹和花图案

另外，眼睛纹是彝族独有的一种古老的服饰图案，是区别于其他民族的典型标志，仅在大理州的巍山、弥渡以及大理市的凤仪等部分彝族地区存在，这些地区彝族妇女喜欢佩戴一种直径20厘米的圆毡"裹褙"（见图4-9）。巍山县东山一带的妇女，不论老幼、婚否，均戴裹褙。传统裹褙不包布面，直接在白毡上用黑线绣两个圆形和两个长方形图

图 4-9 彝族裹褙

案。据说那对圆形的图案是两只眼睛，身背裹褙，妖魔鬼怪就不敢从后面偷袭，从而增加安全感。

二、黎族人纹

人纹，黎语为"Yu"，即鬼神之意，表达对祖先的崇拜。黎族织锦中的人纹图案较为丰富，其人纹造型多种多样，几何化的人形纹构成黎锦的核心纹样。最经典的是黎族人形纹是根据人的特征用两个近似菱形的几何纹作纵向排列，构成人体的上半身和下半身，头部依然还是用菱形来表现，只是面积小于身体部位的菱形，整体构图呈左右对称，造型简练，形象夸张，特征明显。黎族筒裙上的织锦图案，有的人文图案有长长的颈部，头上戴着首饰，显现出楚楚动人的姿态；有的人纹图案显示了人的勃勃生机和力量感，四肢粗壮，两足有力地站立着，充分表现了力度；同时大小人纹中间套有小人纹，大人纹外嵌小人纹，重重叠叠，一派人丁兴旺、气势磅礴的景象。图 4-10 所示是黎族服饰中经常出现的几种人纹图案。

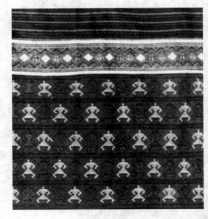

图 4-10　黎族筒裙上的人形纹

(一)大力神纹

大力神纹是黎族人根据民间神话中的大力神创造出来的一种人纹形态。传说中的大力神力大无比、神通广大，创造了世间万物，包括人和动物、植物，也创造了大河山川，海南岛上的五指山、七仙岭、南渡江、万泉河等就是他创造的。为了纪念大力神的伟绩，黎族人塑造了这一形象，他体魄刚健，气势宏大，有力的上臂粗壮、向上，与身体构成"M"形(见图 4-11、图 4-12)，双脚展开，稳稳着地，但在脚掌姿态的处理上会有不同。一般大力神居正中，左右对称，人体几何线轮廓内填满了各种类型的纹饰，有与人形纹风格相一致的小人体，也有"卐"字纹、回纹、水纹等。这种纹饰常用于黎族妇女上衣的两襟下摆处和腰背后，称之为"袋花"和"腰花"，且盛装上一般都有这种纹饰。

(二)母子纹

母子纹是指大小人形排列组合的一种图案，意在体现家庭和睦、尊老爱幼、母子情深的传统美德。母子纹(见图 4-13)图纹中大人形体壮实有力，小人形体纤细，双臂向上扬起，显出天真欢快之情，两者间隔排列，并在空隙间填入与人形纹相吻合的菱形纹等，使图案疏密有致、粗细相间，布局平稳，主题突出，反映了浓浓的亲情和民族文明。

图 4-11 黎族大力神纹

图 4-12 大力神纹双面纹   图 4-13 母子纹

(三)婚礼图

婚礼图是黎锦中特殊的图案，是人形纹样中人数最多的一种图案。织有婚礼图的织

81

锦只用在婚礼这个特定的场合。不仅出嫁的新娘要穿这种题材的织锦服饰，而且参加婚礼的妇女也可以穿．但是新娘的礼服会更讲究些。在黎族，只要谁家办婚礼，全寨的乡亲都会来帮忙，祝贺新人，来的人越多，说明新人身价越高，人缘越好，所以像这样的婚礼图织锦筒裙，每个妇女都会备上一条。为了在婚礼上展现出精美的织锦，黎族姑娘在少女时就跟着母亲学习织锦，一件带有精美婚礼图的婚礼服面料常常要耗时两到三年才能完成。

　　织有婚礼图的面料主要用于筒裙，要求将主要的婚礼场面设计在筒裙的醒目位置，而上下端的图案则呼应主题，比较典型的婚礼图是设计了很多小人物（见图 4-14、图4-15），寓意人丁兴旺、多子多福。也有的婚礼图将狗、羊、牛、鱼融入其中，以避邪驱魔，保佑平安幸福。

图 4-14　黎族抬着花轿的人纹

图 4-15　提着礼品的人纹

（四）舞蹈图

　　舞蹈图表现的是黎族在节庆场合欢歌跳舞的生活场面。千百年来，黎族传承着很多风俗节日，如大年三十、岁首、正月初五的"年节"、正月十五的黎族"小年"、三月初三的"爱情节"、源于黎族原始宗教的"牛节"、与自然崇拜有关的"禾节"、农历十二月的"山栏节"，等等。

在这些节日，即使平日穿汉服，在这天也必须遵守传统礼仪，穿本民族的服饰，还有吃槟榔、鸣放粉枪、点火把、吹牛角号等仪式。当然，黎族人跳的原生态舞蹈更为精彩，此时男女青年们手拉着手，舞步整齐地边跳边唱，舞姿优美，气氛欢快，展现出生命的活力。黎锦中的舞蹈图便是截取了节庆中的一些场面进行创作设计，造型都比较简单，一般是在菱形结构的人形纹基础上进行变化，如采用两人叠加和重复排列的形式（见图 4-16）、不同舞姿的人重复排列的形式（见图 4-17）等。

图 4-16　两人叠加舞蹈图

图 4-17　黎族人形舞蹈纹

（五）狩猎图

历史上，黎族是一个以从事狩猎、耕种为主的民族，黎族人民在生产生活中深刻认识到了人的群体作用，从而强调人及群体的力量与智慧。心灵手巧的黎族妇女，用彩色的线在锦上织出的狩猎图（见图 4-18）就是表达黎族祖先精明、机智、勇敢的象征，记载着男人们勤劳与顽强的精神面貌。图 4-19 所示是黎族百人图织锦图案，织锦图案中的每一格中间安排一个人形纹图案，意味着在现实生活中黎族人民村村寨寨、家家户户都在从事纺织生产。人形纹头顶上是房屋，屋外高悬着许多兽骨，表示猎获丰收、人丁兴旺（见图 4-20）。

图 4-18 黎族狩猎图

图 4-19 黎族百人图

图 4-20 黎族人丁兴旺图

黎族表现人物的织锦图案还有青春幸福图、黎族丰收欢乐图（见图 4-21）、放牧图（见图 4-22）、吉祥平安图等，寄寓了人们对生育繁衍、人丁兴旺、子孙满堂的向往和追求美好生活的强烈愿望。

由此可见，黎族人很懂得美化自己的生活，并将自己的生活重现在艺术之中，同时又在审美意识中颂扬与赞美了"人"，这与该民族对人的伟大作用的认识是分不开的。因此，从某种意义上看，人形纹样又是黎族文化的缩影，是高度概括的一种装饰语言，甚至是一种符号，其生动的造型、浓烈的色彩给人以美的感染，这对于我们研究黎族织锦艺术和黎族历史文化具有独特的价值。

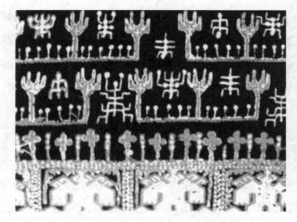

图 4-21 黎族丰收欢乐图　　　　　　　　图 4-22 黎族放牧图

三、苗族人纹

苗族古歌中的《妹榜妹留》和《十二个蛋》描述:蝴蝶妈妈从枫树心孕育出来,长大后同水泡"游方"(恋爱),生下了 12 个蛋,由蛋中孵化出龙、虎、水牛、蛇、蜈蚣、雷公等和人类始祖——姜央。因此,在苗族服饰中,人物形象是经常出现的纹样之一,人物形象中属于祖先崇拜的神话人物有以下几种:蝴蝶妈妈、盘古老人、雷公、托日上天的长臂巨人等,其通过多种多样的人物形态与动物、植物纹样组合,再现神话传说的情景。

如苗族最隆重、最独特的节日鼓藏节又称"鼓社祭",每 13 年举行一次,为了祈求祖宗神灵祛病赐福,祭祀祖先和庆祝丰收而杀牛祭拜。这件苗族鼓藏服(见图 4-23)是

图 4-23 苗族鼓藏服上的人纹

苗族头领夫人衣服上的图纹,讲述的正是蝴蝶妈妈及人类祖先姜央的故事。苗族把蝴蝶妈妈看成人类与动物的共同祖先。传说雷公放洪水淹没人间,祖先姜央和妹妹坐在葫芦里,躲过了灾难。但要延续繁衍人类就必须和妹妹成亲,兄妹俩极不情愿,便出现合磨成亲一事,兄妹俩各扛磨的一半,分别到两座繁衍人类的山上,让磨从山顶滚落下来,结果两个半磨滚下来并合在一起,兄妹俩这才成亲。衣襟下角两边就是"姜央兄妹成亲图"。此外,还有各种各样表示祖先崇拜的人纹及动植物组合纹样。

在苗族刺绣中,将人物形象与龙、牛、花等纹样组合,表达苗族人对祖先的崇拜及祖先们开天辟地的传说及婚嫁场面随处可见。其中台江苗族绣绘的装饰部位,内容最为丰富,人纹形态各异,侧面人形纹极多,常以群体形式错落于花丛之中,或与人兽纹、龙纹、鸟纹等组成二方连续纹样,装饰在衣服的背部、袖子、领子等部位,常见的纹样有以下几种:

(一)蝴蝶妈妈纹

因为蝴蝶具有旺盛的生命力和繁殖力,所以蝴蝶在苗族的神话中被誉为人类的祖先,被称为"蝴蝶妈妈",表达了苗族祖先对自然、宇宙、生命起源的理解和认识。因此,蝴蝶妈妈成为苗族民众普遍崇拜的母祖大神,当然也就成了苗族的保护神,能引导后人避凶趋吉,为他们驱灾祛病,带来幸福安康,同时寄予渴望繁衍子孙、壮大氏族的理想。在苗族服饰中"蝴蝶妈妈"的形象随处可见,且成圆形结构(见图4-24、图4-25)。

图4-24　苗族双龙与蝴蝶妈妈

图4-25　苗族戴鸟羽的蝴蝶妈妈

(二)"开天辟地"的盘古形象

盘古在苗语中的解释为"老爷爷",是一位开天辟地的创世祖先。在苗族古歌中,造天地的祖先被称为公公和婆婆,古歌中这样唱道:"来看制天造地吧,谁来制天造地呢? 远古造天的公公,太初制地的婆婆,他俩造个大坩埚,用它来炼地……"在苗族神话传说中,盘古是一只被称为"修狃"的神兽,变成申狃蛋,申狃蛋又生出盘古,因此盘古的形象和修狃一样,是一种头上长角的类似水牛的动物。苗族古歌《开天辟地》这样唱道:"修狃力气大,头上长对角,一撬

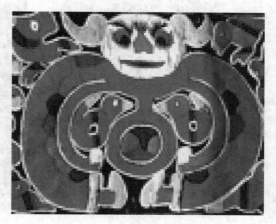

图 4-26 苗族"开天辟地"的盘古形象

山崩垮,再撬地陷落……"图 4-26 中坐一人,据说是盘古老人,盘腿而坐,双臂合抱,双手扶一圆形物,内有三瓣,其外有二鸟,有生殖崇拜的含义。因人形似瓜,又称"瓜人"。人两侧有双龙盘曲成圆,也有送子之意,空隙处有鸟、鱼各一对。

(三)始祖姜央图

始祖姜央,是台江苗族刺绣中表现最多的人物形象。不同时期有不同的传说,故情节和姜央的形象也各有特点:有破壳刚露头的蛋生姜央;有持箭、牌的央公央婆;也有抱子孙的央公央婆(见图 4-27)。施洞肩花上有一个着花衣花裙、头戴花的女子,怀抱一小孩,头左边有一鸟,脚下有花。有人认为是抱子孙的央婆。央婆是姜央的妻子,姜央与之并称央公央婆,此图与求子有关。

(四)列祖列宗图

列祖列宗形象在苗族刺绣中都是成组的群像,人物头上都戴角作为装饰,表示了图腾服饰的神圣性(见图 4-28、图 4-29)。在列祖列宗群像下面,往往绣有舞蹈人群。这种把列祖列宗男一群女一群分开排列表现,反映着原始母系氏族社会对偶婚的群体意识。

图 4-27 苗族施洞肩花

87

图 4-28　苗族列祖列宗形象

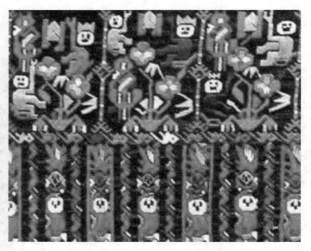

图 4-29　苗族祖先人物、花鸟

（五）女英雄"务么细"形象

在众多的苗族服饰中，有个最受欢迎的女英雄形象（见图 4-30、图 4-31）——"务么细"，她是个真实人物，出生在施洞附近的大冲寨（现属施秉县），后参加张秀眉领导的苗族反清起义军，成为很有名气的女将之一。她的许多英雄事迹被编成史诗和传说广为流传，在黔东南苗乡，家喻户晓。清水江一带曾是起义的根据地和主要战场，"务么细"的故事为这一带人们所熟悉，并在传说中不断被神化。传说她是鸭子变的，要飞时就长出翅膀，还能撒豆成兵。剪纸中的"务么细"一手撑伞（据说她被敌人追赶，撑着伞就飞过去了），一手举刀，骑高头大马或狮、虎、象，威风凛凛。这一形象可能源于被

图 4-30　苗族女英雄形象"务么细"（一）

称为苗族始祖的"蝴蝶妈妈"的形象，人头蝶身。

图 4-31　苗族女英雄形象"务么细"（二）

（六）　乘龙在天图

台江施洞地区的苗族于农历五月二十六日过"龙舟节"，主要是重温降龙神话，强调巫术求雨。因为他们相信，人"乘龙在天"的巫术力量可以降龙，龙舟的头上戴着水牛角的龙头，使之风调雨顺，保证农业丰收。图 4-32 为施洞苗族袖花，其中一女子戴帽，佩耳坠，骑在水龙背上，据说这是描绘母祖乘龙在天的情景，且四周有鸟、蝶、花。

图 4-32　施洞苗族袖花"乘龙在天"

图 4-33　施洞苗族肩花人物

另外，苗族人物风俗图非常丰富，有主持祭祖的鼓社首领和礼仪人员，他们盛装打扮。施洞苗族肩花人物（见图 4-33）图片中绣一人，戴帽，着裙，佩耳坠，头挂银饰，举旗。一说她是鼓社头的妻子。还有民间议事场面的特写（见图 4-34），图中二人抽水烟，耳朵之间连成一条线。此二人为"理老",理老是苗族调解纷争的人,在议事会议上考虑问题时爱抽叶子烟,故苗族人常在刺绣中用吸烟表示思考问题。苗绣中常有表现抽烟老人的形象,两位老人思想一致,就用一条横线连起两位老人的耳朵。一说两耳之间的线表示听取对方意见,思想一致。

图 4-34　苗族民间议事场面

四、瑶族人纹

在瑶族"万物有灵"的思想观念中,图像具有生命的灵性。在广西都安、巴马、南丹等县的自称为"布努"的瑶族民间,流传着关于始祖母的神话史诗《密洛陀》。"密洛陀"即"老祖母"或"老母亲",是瑶族传说中造天造地造万物造人类的女神。相传密洛陀用蜂蜡造人,乃至民间的巧妇剪彩为人,并通过挑花、蜡染等方式装饰于服装中(见图 4-35),体现了瑶族意识到人多势众的必要性,企图以此壮大自我应对外部侵袭的心理力量。在瑶族服饰上的人纹图案,有成千上万牵手集结为长阵的,有独自站立于初开混沌的,有头顶横板、伸臂叉腿作"天"字形的,有曲张四肢如蛙状的……这些人形符号被瑶族人作为护符或替身,认为可帮助他们抵挡灾难。护在衣襟、裤腰、头帕等上的图案,缀着成千上万个人形,且形态各异(见图 4-36、图 4-37、图 4-38),这些人形图案作为生命有灵

图 4-35　瑶族衣襟边挑绣花

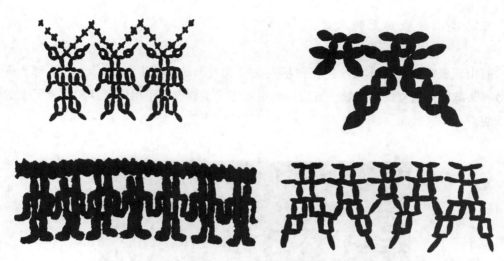

图4-36 金秀盘瑶女子服饰上的人形纹绣花

图4-37 龙胜红瑶女子服装
上的人形纹绣花

图4-38 融水花瑶女子服装上的人形纹绣花

性的替身，可随时替人类抵挡外来的侵害。

还有，在贵州荔波瑶族头帕挑花纹样中同样可以看到人物纹样（见图4-39），拉着手的三个人形象征了生命的无穷和万物的昌盛。天地就是人类的父母，他们创造了生命、护佑生命的功德与日月同辉，永存于一方祥和的世界。总的来说，这些人纹不论造型还是装饰方法都很有特色，体现了瑶族人独特的审美观。

图4-39 贵州荔波瑶族头帕挑花

五、高山族服饰上的人纹

高山族服饰上的刺绣人纹主要包括人头纹和人形纹（见图4-40），人的头部，头发披散，头戴高高矗立的装饰物，五官用海贝点缀，主要突出了祖先崇拜和反映了人的精神面貌。

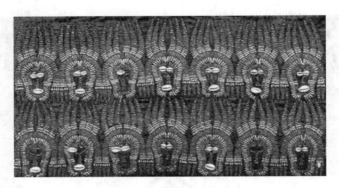

图 4-40　高山族服饰上的人头纹

在高山族服饰中，除了人头纹、人形纹外，还有将人头纹、人形纹与其他动物纹样组合表现的，大多将人头纹和人形纹与蛇纹、太阳纹、鹿纹等组合在一起（见图4-41）。此外还有人头被夸张成几个头或几个人身共一个头的纹样装饰，如高山族排湾男子两侧开衩处绣有精致的人形纹（见图4-42），即突出了人的智慧和力量，蛇纹是左右各一条，以头部顶起人足，围绕在人的下半身，形成一个外形饱满的图案。有的还穿插以鹿纹等动物图案。高山族人纹的装饰手法丰富多彩，人形纹有时成二方连续排列。

图 4-41　高山族服饰上的人物纹样

衣服的前襟、下摆部位、袖口等处都是高山族装饰人纹的重点。

图 4-42 高山族上衣开衩处人形纹

另外，白族喜欢将人纹刺绣于服装、背包上，且人纹图案生动，形象拙朴可爱。白族背包上的人物形象中（见图 4-43），人的五官表情清晰，有头发和四肢，手和脚还进行

图 4-43 绣有人纹的白族姑娘背包

了特别的点缀，服装穿着和周围环境相协调，将人纹和花、鸟、蝶纹共同绣制在同一幅图上，表现出人与自然和谐共处的美好情景。

湖南土家族织物上也还有表现浓郁民风民俗特点的婚礼场面图案，婚礼场面的人形纹为正面，四肢夸张，多呈二方连续横向排列，图案组合注重节奏感和层次感，图案中人们成群结队送亲，抬着新娘的花轿，牵牲畜、送聘礼。队伍前面是吹打乐器的男宾，后面是抬着礼品嫁妆的送亲客，场面生动热烈，象征着民族的繁荣与昌盛（见图4-44）。

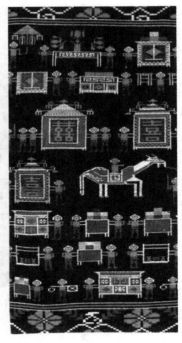

图4-44　土家族织锦上的婚礼场面

从以上图腾象征物为人物的少数民族服饰中，不难看出人纹图腾元素在民族服饰中主要来源于先祖崇拜、神话故事及人类生活场景。例如苗族的蝴蝶妈妈纹、黎族的大力神纹等。在服饰中人物形象有具象形和抽象的几何形这两种形，常与有多个人物的纹样图腾完美结合。

第三节　图腾的象征物为动物

以动物或幻想中的动物作为崇拜对象，这是狩猎时期原始人群社会意识的一种反映。在那个时期，原始人的生活依赖于动物，因而祈求所依赖的动物的支持，以满足生活的需要。又因为原始人还没有把自己跟动物区分开来，故认为动物和人一样有思想、有感情、有灵魂。原始人为了维持生活的需要而捕杀动物，但又怕动物灵魂予以报复，所以对动物进行膜拜，以求得到宽恕。同时原始人在动物面前常感到不济和软弱无力，对动物有敬畏感，从而产生动物崇拜，并在民族服饰中（猎装、礼服）采用动物的图腾、毛皮等方式进行装饰，希望用这种方式能够和这些所崇拜的猛兽达到一定程度上的同化，得到它们的力量或者受到它们的保佑。在中华民族的发展史上，龙、凤、蛇、鹿、鸟类、虎、麒麟等动物都曾作为图腾崇拜物。我国北方的游牧民族多以狼为图腾，除了狼之外，熊、鹿、鹰、天鹅等动物都是中国北方少数民族的图腾崇拜对象。比如居住在中国东北地区的满族就是以天鹅、喜鹊等鸟类为图腾，而生活在大兴安岭森林中的鄂温克族则是以驯鹿为图腾。所有这些图腾的产生，都与各民族的生活环境密切相关。

在中国，汉藏语系涵盖了 32 个少数民族，并归为四个语族，即汉语语族、壮侗语族、苗瑶语族和藏缅语族，是我国涵盖民族最多的语系。汉藏语系中的诸多民族大部分源于古羌族，如藏族、彝族、白族、哈尼族、纳西族、傈僳族、拉祜族、基诺族、普米族、景颇族、独龙族、怒族、阿昌族、土家族等。在这些民族的传统文化中，不同程度地保留着古羌人的文化特征和痕迹。汉藏语系中诸民族的图腾文化最为丰富，在服饰上的表现也多种多样。中国的藏缅语族主要分布在西南、西北、中南等地区，由藏语支、羌语支、彝语支、缅语支、景颇语支等语支的共 17 个民族组成，这些民族语言相通、族源相同，因此有着相同的原生图腾，同一种图腾文化渗透在不同民族的服饰中，与本民族特有文化相结合，形成风格独特的民族服饰。

一、以古羌为根源的羊图腾崇拜

古羌是中国西部最原始的民族之一，新石器时代就有了羌族，那时和其他一些居住在西部的游牧民族一起被泛称为西戎。最早居住在这里的羌人，处于汉族地区和吐蕃控制的地区之间，其中一些羌人同化于藏族和汉族，也有一小部分羌人得以单独保存并发展下来，形成了今天的羌族。另外还有部分羌人南迁，与当地部落融合，藏缅语族中的彝族、纳西族、土家族、藏族、傈僳族、拉祜族、哈尼族、普米族等与羌族有一定的血缘关系。3000 年前的甲骨文中就有了"羌"字，古汉字"羌"由"羊"和"人"组成。汉代的许慎在《说文解字》中对"羌"字的解释为："西戎牧羊人，从人、从羊、羊亦声"。"羊"字与"羌"字在字义与内涵上都有联系。由于长期的畜牧生活，羊图腾崇拜已经成为古羌文化的显著特点，羊图腾成为一种审美文化的符号，是一种象征性的符号。在一些羌人活动地区，羌民所供奉的神全是"羊身人面"，其视羊为祖先。

羊与羌无论是在生活方面还是字义内涵上都有着密不可分的关系，因此羊也是羌人崇拜的对象之一。现在的羌族地区，仍然存在许多对羊的崇拜。这种图腾对于古羌诸民族服饰的影响较为深刻。在羌族服饰刺绣中，最为突出的纹样是被图案化的羊头和羊角纹样（见图 4-45、图 4-46），这些纹饰一般用于帽、胸前、裙摆以及鞋面。还有的戴羊角形头饰（见图 4-47）和身披羊皮、戴羊毛装饰等，根据不同的场合以及穿着者的年龄、身份，可变换羊图腾的样式。今天的羌族人，大多还穿着传统的民族服

图 4-45　羌族四羊护花纹样

装，如羊皮褂或羊皮背心（见图 4-48）；又如羌族男子盛装上的羊头纹（见图 4-49）。羊皮褂这种颇具特色、表现北方民族长袍马褂式的服装款式，不仅印证了羌族早期的生产方式是游牧经济型，而且折射出羌族古老的文明以及从游牧到定居农耕的发展过程。羌族祭祀活动中常用羊作祭品。羌族少年在举行成年礼时，巫师会用白羊毛线拴在被祝福者的颈项上，以求羊神保佑。羌族每年举行的冠礼上，冠礼人的颈上也要被围上白公羊毛线和五色布条。羌族巫师所戴的帽子有两个角，是用羊皮制成的，巫师所持法器（见第四章第三节）也全是用羊角、羊皮、羊骨等制成的，羌族人认为这样可以从中获得与大自然作斗争的力量。

图 4-46　羌族帽子上的羊角花纹样

图 4-47　羌族羊角形头巾

图 4-48　羌族羊皮背心

图 4-49　羌族男子盛装上的补绣羊头纹（背面）

羊被神化后的形象为"搬穿"，是一种独角神羊。《山海经》中对于羌人祖先西王母的描述为"蓬发戴胜、虎齿豹尾"，其中"戴胜"这种头饰与"搬穿冠"的形状相同，都是以羊角帽为基调。

当代羌族人仍然崇拜羊图腾，在羌族传统的舞蹈"老羊歌"中，"老羊歌"的扮演者头戴羊角帽、身穿羊皮袄，作为大神的角色走在队伍前列，施展羊的威力，消灾驱邪。演出"老羊歌"的人必须将羊角帽摘下后才能进家门，否则大神的威力会吓退家神。在羌族丧礼仪式中，要杀一头黑羊为死者引路。若是有威望的老人或英雄去世，则要举行隆重的葬礼——唱葬歌、跳葬舞。羌族民间流传的"跳盔甲"舞又称"跳甲"（见图4-50），是羌族祭祀战死英灵的一种舞蹈。

图4-50　羌族跳盔甲舞

羊与彝族人民的关系密切且源远流长，如云南牟定彝族至今仍保留着给羊过年的习俗。滇西一带彝族地区不论男女老幼，皆披羊皮褂，羊皮褂是彝族姑娘出嫁不可缺少的嫁妆。今四川凉山彝族自治州的美姑、喜德、布拖等地和毗邻各县及云南省沿金沙江地区的彝族服饰都有传统羊角图案纹样（见图4-51）。楚雄州大姚县桂花乡的彝族服饰用镶补工艺大量装饰羊角纹（见图4-52）。羊角纹是作为氐羌后裔的彝族人极具特色的一种图案纹样，是氐羌游牧文化的一种典型

图4-51　彝族普格地区服饰上的羊角纹

民族遗风(见图4-53)。同时彝族崇拜黑虎，受此影响服饰色彩尚黑，因此，彝族人的羊皮褂也以黑为美。

羊角纹(一)　　　　　　　　　　　　　　　　　羊角纹(二)

图4-52　彝族服饰上的羊角纹

源于古羌的藏族也把羊图腾尊为大神，当藏族祖先接受佛教的同时，也有选择地在佛教中保留了羊图腾的成分，如喇嘛的法帽形状与"姗穿冠"(羊角帽)如出一辙。

身穿羊皮是羊图腾崇拜的另外一个显著标志，许多羌后裔的民族有此习俗，至今仍然有穿羊皮习俗的民族有羌族、普米族、彝族、纳西族、藏族、门巴族等，不同民族的图腾崇拜给穿戴羊皮的形式融入了各自的图腾特征，表现为同件服饰中出现的多元化图腾。

图4-53　彝族帽子上的羊角纹

纳西族最具特色的服饰"披星戴月"(见图4-54)一般是由整块羊皮制成，剪裁为蛙身形状，"蛙头"朝下，正上部缝着6厘米宽的黑边，黑边下面再钉上一字横排的七个彩绣的圆形布盘，圆心各垂两根白色的羊皮飘带，代表北斗七星，俗称"披星戴月"，以示勤劳之意。还有一种看法是，古代纳西族崇拜青蛙，东巴经典称它为黄金大蛙，民间传说中称它为智慧蛙，纳西族先民把蛙看作仅次于人类的生灵，不准伤害蛙类，并把对蛙的崇敬表现在服饰中。羊皮是模仿青蛙的形状剪裁的，而纳西人将缀在背面的圆盘称为"巴妙"，代表青蛙的眼睛，这是崇拜蛙图腾的丽江土著居民与崇拜羊的南迁古羌人相融合形成纳西族后的产物。

藏族人崇拜羊图腾同样是古羌的遗风，同样有穿羊皮的习俗他们常戴羊皮帽，穿"擦日"(羔皮袄)、"祖花"(羊皮袄)和披羊皮坎肩(见图4-55)。

图 4-54 纳西族"披星戴月"背饰

图 4-55 披羊皮坎肩的西藏普兰县妇女

普米族崇拜羊,同时崇拜白虎,所以服色尚白,他们一般外披羊皮,以白色山羊皮为贵,羊皮上端左右各缝一条带子,系在胸前。普米族男子腰系用羊毛制成的白腰带,披白羊皮坎肩,裹白色绑腿。普米族的儿童不论男女都喜爱戴羊毛织套头帽。

门巴族在生活习俗等方面深受羌族影响,他们的主要图腾也是羊,门巴族的妇女为了避邪而披羊皮的习俗流传至今,少女穿披羊尾和四条腿俱全的小羊皮,成年后披山羊皮,即便是婚礼上,盛装的新娘也要披一张好羊皮。

"羊"与"祥"音相近,所以从古至今我国都将"羊"视为吉祥的象征。黎族也不例外,不仅视羊为吉祥物,还将羊的图案织入黎锦中。黎族羊纹的构图方式与其他动物纹的构图方式相近,大多是以直线、折线、菱形等来描绘羊的特征。黎族羊纹的主要形状和甲骨文中的"羊"字十分相似,所以推测黎族的羊纹来自甲骨文(见图 4-56、图 4-57)。

图 4-56 甲骨纹中的羊纹

图 4-57 黎锦中的羊纹

可见，崇拜羊图腾的民族服涉及从北向南的多个民族，都是以古羌羊图腾文化为背景，羊图腾元素在民族服饰中通常保持原有造型，如戴羊角帽，甚至穿整张羊皮。还有的使用羊自身材质，如羊皮袄、羊皮褂、披挂羊毛线。同时也会与其他图腾完美结合，如纳西族"披星戴月"。

二、源于古羌族的虎图腾崇拜

汉藏语系中有多个民族崇拜虎，源于古羌族的虎图腾崇拜。远古时期的氐羌部落西北地区的伏羲以虎为图腾。《论语摘辅象》称伏羲"虎鼻山准"，《尸子》中说："伏羲以庚寅生，庚申即位。"虎年出生又有虎的样貌，表明伏羲氏族崇虎。彝族、土家族、白族、普米族、藏族、纳西族、拉祜族、珞巴族等，是远古虎图腾部落的遗裔，至今这些民族的服饰中仍不同程度保留了虎图腾崇拜的遗迹。

虎被人称为兽中之王，因为它身躯庞大，形象凶猛威严，象征权力、勇猛，能镇恶避邪，同时具有保护儿童的社会功能。在原始人的眼中，虎具有很强的神力，《博物志》中说："虎知衡破，又能画地卜。今人有画物上下者，推为奇偶，一谓知虎卜。"远古氏族部落发生战争频繁，能像虎一样善斗勇武，是许多人的愿望。对于自然界的敬畏，使人们相信虎有超乎自然的神力，他们希望自己能够像虎一样威风凛凛，认为自己是虎的后代。另外，古人认为虎有灭灾避邪的能力，能够给人带来吉利，因此很多民族将虎视为吉祥的象征。

伏羲时期的虎部落有两大支——白虎支和黑虎支，其中现在的彝族、纳西族、哈尼族、拉祜族、傈僳族等以黑虎为图腾，因此在服饰的色彩上崇尚黑色；而普米族、土家族、阿昌族、白族等以白虎为图腾，因此在服饰色彩上以白为美。

彝族自称"罗罗"（虎族），自古以来拥有视虎为祖先的信仰。明代文献《虎荟》卷三说："罗罗——云南蛮人，呼虎为罗罗，老则化为虎。"今楚雄彝族自治州武定、大姚等县还流传着"人死一只虎，虎死一只花"的谚语。20世纪初贵州彝族祭司举行丧葬和祭祖时要披虎皮，首领披虎皮为礼服，服饰中常有虎皮的纹样，现在的楚雄彝族巫师仍然认为彝族人经过火化后，其灵魂便变为虎。

彝族将虎奉为祖先，视自己是虎氏族的成员，认为虎是吉祥与幸福的化身，能保佑自己的子孙逢凶化吉，人死后亦能化成虎身，并将虎作为图腾进行膜拜，后将其形象移植于服饰上。彝族儿童背带（见图4-58）中间是鱼、鸟、庙宇等组成的圆形图案，周围由八卦、花卉等纹样组成。彝族先民认为天地万物均是由虎解尸而形成，流传于彝族的创世纪史诗《梅葛》记载，天神在创世之初，派了他的五个儿子去造天，天造好了之后，便用雷电来试天，结果天裂开了，用什么补天呢？天神们认为世间万物中老虎最威猛，于是又派五个儿子去将虎制服，然后用虎的一根大骨做撑天柱，这样天就稳定下来了，随即他们又用虎头作天头，虎尾作地尾，虎鼻作天鼻，虎耳作天耳，左眼作太阳，右眼作月亮，虎须作阳光，虎牙作星星，虎油作云彩，虎气作雾气，虎心作天心地胆，虎肚作大海，虎血作海水，大肠作大江，小肠作大河，肋骨作道路，虎皮作地皮，硬毛作树林，软毛作绿草，细毛作秧苗，身上的虱子变成家畜和野兽。于是便有了今天的世

图 4-58　彝族儿童背带（局部）

间万物。彝族把老虎分为黑虎和白虎两种，视黑虎为其祖先，是崇奉的对象，白虎则被视为一切祸患之根源，是被驱赶的对象。反映在服饰上，彝族男子服饰特点是全身黑色，女子衣服和头饰的底色均为黑色。他们认为天地万物都承载着虎的生命，因此视虎为自己的图腾，相信自己是虎的后裔，以虎自命，且相信人与虎可以互变，认为人死后还要变成虎。

　　虎崇拜的遗俗在彝族服饰图案上有多种表现。昆明近郊的彝族母亲为将要降临人世的孩子准备的衣物中，多有虎头帽（见图 4-59），虎头帽帽尾带上铜铃或铜钱、羊毛避邪。还有的彝族帽子上有虎纹装饰（见图 4-60），还有虎头兜肚、虎头鞋等，表示对孩子美好的祝愿，希望孩子虎头虎脑、无病无灾，能健康快乐地成长。孩子出世后，亲朋好友都前来庆贺，其中舅家送的贺礼中往往有一块以"四方八虎"图为面饰的背布，以示舅家对外甥（女）的美好祝愿，并期望这个背布能帮助他们对孩子尽到护佑之责。孩子稍大一些，穿戴起虎帽、虎鞋，并用"四方八虎"图背布包裹背负，真是"虎头虎脑"，既体现了他（她）是虎族小成员，又表达了父母、舅家愿他（她）长得虎虎生气的深情祝福。同时孩子的一身虎相还被认为可以避邪驱魔，能无灾无病地平安成长。小孩"虎帽"额部多绣一"王"字，此字除表示虎为"百兽之王"外，也表示形象化了的真虎额斑。彝族小孩出世后，第一、二次被带领出门走亲串戚时，往返时均要由家族中的年迈者用黑烟子在小孩额上画一"十"字，此"十"字为形象化了的虎额斑"王"字的简化，仍然代

表虎相。据说小孩额上一画上黑"十"字，路上诸多邪魔鬼怪，皆视其为猛虎，见而远避，可保小孩平安无事。

图 4-59　彝族虎头帽

图 4-60　彝族帽子上的虎纹装饰

　　唐代樊绰《蛮书》称："……皆乌蛮也。乌蛮妇人以黑缯为衣，其长曳地；白蛮妇人以白缯为衣，下不过膝。"史书的记载与今天凉山彝族妇女的服饰相符，女装多以黑、青为底色，包头均为黑色；而凉山彝族男子用黑色长布包头，在头顶右前方扎英雄结，身穿黑色窄袖斜襟上衣，下穿黑色长裤，肩披"察尔瓦"。大姚彝族俚颇支系妇女的衣饰则以黑色为底，装饰以黄色条纹，这是由虎皮花纹演化而来。在彝族地区，如彝族人生了孩子，父辈和祖辈要给孩子戴虎头帽、穿虎形肚兜、着虎形鞋，以表示"虎族又添后代"。在今天彝族地区，儿童常穿虎头鞋、戴虎头帽（见图 4-61、图 4-62），其中最为典

图 4-61　彝族布拖地区虎帽与帽尾

图 4-62　彝族普格地区虎帽与帽尾

型的是彝族背兜上还绣有"八方八虎""四方八虎"图案。"八"在彝族的传统文化中表示八卦,彝族忌日以八年为一个循环周期,八方占是彝族常用的星占法之一,故"八方八虎"蕴含着彝族古老的文化观。

图 4-63 所示为彝族挑花四方八虎图,主要由"卍"字图形,八虎、马缨花、虫鸟、花草树木等组成。图中的每一方有一雄一雌两虎,是作为女儿生育时娘家送去的重要贺礼,意为祈求祖先八方保佑,妖邪难侵。《西南彝志》载:"……宇宙的四方,变成了八面,那就是八卦。"汉文古籍记载的伏羲八卦即先天八卦与彝文书中记的八卦,其卦序、论理大多相同,仅是卦名不同,如"乾坤离坎震巽兑艮",彝名为"哎哺且舍鲁朵哼哈"。汉文书中记载"八卦是象征天、地、雷、风、水、火、山、泽八种自然现象的符号"。而彝文书记载

图 4-63 彝族挑花四方八虎和马缨花图案

的八卦却保留着原始概念,按彝语称八卦为"亥启",即宇宙的八方,天地人和万物,都在八方形成,它象征着万物的变化发展。

有学者认为,彝族服饰"四方八虎"图之"八虎","是彝族崇虎并视为保护神的艺术概括"。"八虎"并列八方,象征虎推动太阳天球围绕大地不停旋转,并使之昼夜交替的彝族原始虎宇宙观,而且还集中地表现了几乎渗透于彝族传统文化一切领域的八方概念。这一观念,表现在服饰上就是四方八虎图。彝族的八方是指东、南、西、北大四方加东南、西南、西北、东北小四方,再由分别代表大四方与小四方的两个"十"字交叉而成的八角表示。

在千姿百态、色彩斑斓的彝族服饰中,"四方八虎图"是彝族多图腾崇拜的反映,绣有四方八虎图案的服饰随处可见,尤其是彝族妇女裤子两膝和背带上的四方八虎图(见图 4-64),总是折射出彝族远古先民对宇宙万物和虎图腾崇拜的文化韵味。四方八虎图象征着八方吉祥如意,其传统图案的布局为外四方套内四方,内四方每方一树及一雌一雄两虎,成四树八虎,并与之相配,衬上八朵彝族妇女最为喜爱的美丽而吉祥的马缨花,同样寄托着母亲对女儿的祝福。凉山彝族威宁式女衫下摆以白色布条或细线盘绕成三组(中间、两侧各一组)状如虎头的螺纹组合图案(见图 4-65)。白螺纹在彝语中叫"木鲁木古鲁",意为"天父",底色呈现的黑螺纹在彝语中称"米莫啊哪",意为"地

母"。据说这些组合图案是虎头变形纹，是彝族虎崇拜和虎宇宙观哲学思想的反映，象征彝族古代有关阴阳五行、八卦及虎宇宙观的哲学思想。

图 4-64　彝族背带上的虎纹装饰

图 4-65　彝族女服上的白螺纹

同其他彝族地区一样，威宁县彝族妇女们常把虎绣在背部、服饰及其他生活用品上。妇女身围虎形围腰，可能也有希望她们的肚腹为虎族多孕虎子或纳入虎族的用意。男人身穿绣有老虎图案的衣裤，作为节日庆典的礼服等。彝族妇女系虎头围腰，后改穿长裤，两膝也要绣对称的四方八虎图。男子上衣襟边绣有"虎""豹""鹰""龙"四字彝文，这四种动物恰巧是彝族崇拜的动物图腾。这种信仰表现在具体的宗教活动中则是在年节时彝人有耍虎的习俗，将自己扮成虎相或将虎的"符号"搬到自己的服饰上。比如楚雄彝族俚颇支系妇女的服饰（见图 4-66），从上到下都是横条纹，乍一看像身着一身虎皮，在双柏县每年的正月初八到十五有跳虎舞的习俗。

在彝族地区出土的文物中，多有虎图案或石虎；在丧葬与祭祖仪式中，有披虎皮、插虎图旗的习俗；在著名的彝族史诗《梅葛》中，亦反映出虎生成天地万物的宇宙观。可见，今天彝族服饰上绣的虎，来源于彝族历史上的崇虎观念，来源于古代彝族的虎图腾崇拜。现在流行的虎头帽、虎头肚兜、虎头鞋、虎头面罩（见图 4-67）等，亦大多有崇虎之寓意。虎头面罩系中华人民共和国成立前毕节彝族妇女出嫁时新娘悬于面部遮羞之物。虎在人们心中可以消灾驱邪，有保佑人们称心如意、吉祥平安的作用，因此彝族人通常把虎皮、虎骨等直接穿戴在身上。凉山彝族男子在胸前佩戴虎爪，据说可以避邪。古代南诏时期，虎皮曾经是彝族人的节日盛装礼服。在唐朝时期，虎被哀牢山彝族人们作为氏族标记。

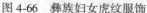

图 4-66　彝族妇女虎纹服饰　　　　图 4-67　虎头面罩

　　土家族、白族、普米族等均以白虎为图腾，以白为贵，崇尚白虎的观念也融入了民族的服饰之中。如白族人把雄性白虎视为自己的祖先，服饰色彩主要为白色。白族儿童取名多与虎有关，每年三月后要给小孩佩戴用碎布缝制的小虎，且戴虎头帽、穿虎头鞋。他们出远门时，一定要选在虎日（寅日），从远方回来也要算准日期，等到虎日才进门。他们认为虎能保佑他们平安，举办婚嫁迎娶等重大喜庆活动，都以虎日为吉日。

　　古代巴人的后裔土家族以白虎作为图腾，自称"白虎夷"，即白虎族后代的意思。如湘西地区的土家族在跳摆手舞时，要披虎皮。在土家族服饰中传统纹样以虎纹居多，目前仍有很多虎的变形图案，其中土家锦比较典型的纹样（见图 4-68）"台台花"（土家方言中，"条"音为"台"，故"台台花"即"条条花"之意。）就是典型的虎纹变形图案，由土家族原始先民虎图腾崇拜衍生而来。

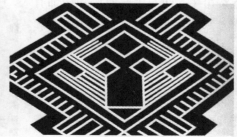

图 4-68　台台花之虎织锦局部（变成黑白色后，虎头的结构更为醒目）

105

　　这种"台台花"土家锦多作小孩"窝窝背篼"(摇篮)的"围盖"(被子),带孩子出门时母亲将其背上,围盖于小孩的头和身上,求其驱凶避邪。虎寓意"抚",有保护孩子健康成长之意。土家族儿童戴虎头帽、穿虎头鞋,其虎头帽最为讲究,帽左右有耳,耳向前张,耳上皆绣"王"字,帽前沿,钉着银子打制成"福禄寿喜"等字,帽两侧及后尾部吊银铃。另外,土家族与虎有关的还有"实必纹"(见图4-69),"实必"即小老虎之意。土家族采用几何形表现了虎的全貌,非常概括,三角形的头和上翘的尾巴,显示虎的精神抖擞,四条腿有力地迈着大步。

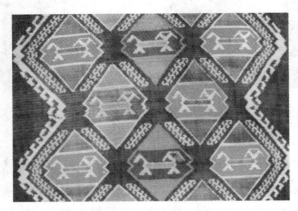

图 4-69　土家族"实必纹"

　　普米族(见图4-70)以虎年为吉年,虎日为吉日,自称"普日米"或"培米",均有"白人"之意,源于古代氐羌族群的普米族把白虎作为自己的图腾。

　　珞巴族各氏族普遍崇拜虎,人们不仅不能猎杀虎,还不能直呼其名,只能尊称为"哥哥""叔叔"或"爷爷"。珞巴族服装较单调,但装饰物丰富,受图腾影响较深。珞巴族祭司——纽布施法时,穿缀饰有虎牙、豹子和鹰羽的"吉拉布"法衣。隆子县珞巴族巫师在跳神的时候,头戴虎皮帽,帽上插黄鹰翅膀和虎须等。

　　永宁地区纳西族摩梭人结婚时,新娘要有一件虎皮做护身符,有归虎族血亲的意思。早在唐朝时期藏族、羌族勇士英雄皆以披虎皮、戴虎头帽为最大的光荣。羌族有白虎图腾,在服饰色彩上尚白。傣族流传

图 4-70　普米族服饰

着傣族先人与虎有血缘关系的故事,虎图腾的文化至今流传,虎纹在傣族文身中是最常见的,人们认为在身上刻上虎纹就会变得英武勇敢。

可见,虎图腾对于少数民族服饰色彩的影响较大,如前文所述,白虎支的民族服饰尚白,黑虎支的民族服饰色彩尚黑。在造型方面,虎图腾的运用最为广泛,比如虎头帽、虎头鞋、虎形肚兜、虎形围嘴,等等。虎纹在服饰中经常与其他图腾一起出现,包含深刻的文化意义。虎的皮、须、爪常被用在服饰中,且常和巫术联系起来,有避邪求福和认祖先的功能。

三、水生物图腾崇拜

华夏民族的"四灵"即朱雀、青龙、白虎、玄武,其中的玄武即神龟代表了神鱼,鱼图腾在民族传统文化充当了重要角色,因为水对于耕种的民族很重要,雨水的多少直接影响农业的兴衰,水中的生物就显得威力无穷。中国的神话人物和著名历史人物的出身和鱼有关的有大禹、女娲等,"禹""鱼"相通,大禹即"大鱼"。

中国汉藏语系诸民族的鱼图腾崇拜源于古代氐羌族部落。居住在羌塘地区(今日昆仑山北部)的羌人移居中原后,建立夏朝,更易祖俗,淡化羌文化,但是对于羌人后裔,崇禹始祖的习俗仍流传至今。大禹就是"大鱼",因为其父"鲧"也是一条大鱼。《说文·鱼部》中说:"鲧,鱼也。"《玉篇·鱼部》中也说:"鲧,大鱼也。"除了鱼,蛙、螺等水生物也都被农耕民族作为自己的崇拜物。

洱海地区的白族崇拜鱼图腾,《南诏中兴二年画卷》卷首中记载的"洱河之神"是一条金鱼的画像。白族人死后,与鱼同葬。白族人善于捕鱼,但五六尺以上的大鱼不能随便捕捞,万一捕到,要焚香祝祷,并立即放回洱海中。《良弯县志》中说这种鱼是"龙种""神物"。洱海白族姑娘曾盛行戴"鱼尾帽",鱼尾帽由黑色或金黄色的布仿鱼形而制,鱼头在前,鱼尾后翘,上缀银泡或白色珠子表示鱼鳞。她们还喜欢穿海水蓝上衣,袖口和衣襟上缀着象征鱼鳞的银泡,脚穿鞋头高翘、鞋尾留有尾扣、鞋帮全部刺绣的鱼形鞋(见图4-71)。

哈尼族流传着鱼创世的神话故事,即天、地、太阳、月亮、人类都是由海里的一条鱼创造的。哈尼族对鱼的崇拜在今天看来已经逐渐淡化,但是其民族传统服饰中仍能够折射出哈尼族先民渴望通过鱼图腾求吉避邪的愿望(见图4-72)。

云南红河地区的哈尼族少女喜欢佩饰一种鱼形银坠(见图4-73、图4-74),用金属打制的鱼形饰品装饰在胸、腰、胯等部位,女子出嫁时要用许多金属做的鱼形饰品装饰帽子,作为吉祥的象征。在儿童的裹背上,鱼的图案也是被刺绣在较明显的位置,以求

图 4-71　白族女子的勾头鱼尾花帮鞋

图 4-72　哈尼族妇女服饰

图 4-73　哈尼族胸饰挂银鱼饰物

图 4-74　尼族腰饰挂银鱼饰物

平安吉祥。哈尼族的银鱼坠诉说了一个古老的神话：在远古的时候，世上只有白茫茫的雾露。不知过了多少年，雾露下现出一片大海，海里生活着一条会生出万事万物的神鱼。它扇动鱼鳍，把雾露扫干净，露出蓝汪汪的天和黄生生的地。后来，它张开鱼鳞，抖出太阳神、月亮神、天神、地神和男女人神，神又生神，众神合力造天造地。他们把地柱支在神鱼身上，一根支在头上，一根支在尾上，另外两根支在两鳍上，神鱼就不能抬头摇尾地划水了，地就稳了。鱼创世神话在哈尼族服饰中体现了哈尼族先民渴望通过鱼图腾求吉避邪的愿望。

　　藏族先民崇拜水及水里的动物，藏文典籍中记载的水神概念模糊，先民认为龙、鱼、蛙、蛇等一切居住在水里的动物都有灵性。在元代，藏族等级差异非常明显，但贵族的藏袍与民间百姓的藏袍并没有根本区别，差异主要表现在质地与花纹上。贵族服饰质地精细，花纹讲究，一般有蟒缎袍，由黄、红、蓝、绿、白、紫等色作基调，上面绣有龙、水、鱼、云、山等纹样，只有在四品以上官员朝见达赖，或重大节日仪式时才能穿着此藏袍。

壮族有些地区崇拜鱼图腾，人们认为人死后会变成鱼。黑衣壮族妇女所佩戴的双鱼对吻的银项圈，就是崇拜鱼图腾文化的遗风。沿水而居的布依族先民在未进入农耕时期之前一直靠打鱼为生，因此他们崇拜鱼，奉鱼为图腾。布依族的神话史诗《安王和祖王》中讲述人类的始祖是由大鲤鱼投胎而生。鱼的造型在布依族人的生活中随处可见，有些地区妇女头饰上的锦片织有鱼的图案，如镇宁县慕役地区的"更考"（一种头饰）上饰有小银鱼，儿童的帽檐上镶鱼状银饰物，布依族织锦、刺绣、蜡染等工艺品中也常有鱼的形象。

侗族神话传说中，有许多关于鱼图腾的记载，侗家认为鱼能给人消灾赐福。在侗族的织锦中，鱼和由此产生的鱼鳞纹、鱼骨纹、三角纹、菱形纹是重要的表现内容。贵州黎乡地区妇女盛装时戴的银冠上有鱼形吉祥物，还有些地区的侗族妇女佩戴小鱼银耳环，或在儿童帽子上挂小鱼装饰（见图4-75）。此外，书籍中尽管没有太多关于侗族人有螺图腾的崇拜的论述，从服饰上仍可以看出侗族先人曾经对螺的崇拜。因为螺生长在水中，这与侗族人崇拜水中之物相符。早在宋代，就有关于螺在服饰中应用的记载，《老学庵笔记》卷四中说"女以海螺数珠为饰"，清代也有"妇女挽螺髻于脑后"的记载。现代侗族女子仍然梳螺蛳发髻（见图4-76），部分地区的男子头顶留成团状，将长发挽成螺髻，笔者认为这些都是螺图腾崇拜的遗风。

图4-75 侗族鱼尾帽　　　　　　　　图4-76 侗族头饰

布朗族崇拜三尾螺,布朗族的"三尾螺"银簪(见图 4-77)是美的象征,传说戴上它,容颜就会变得无比姣好。布朗族妇女一般挽发髻,发髻上插一枚称作"嘎丝嘎中"的银簪,簪头铸成三个螺旋尾状,品字排列。还有些地区的布朗族妇女平日包头,样式是用白布缠绕成三尾螺的形状。

苗族是个具有渔猎习俗的民族,崇拜鱼,将鱼视为龙,认为鱼龙可以互换,因此很多服饰中的鱼纹都有龙纹的特点(见图 4-78、图 4-79、图 4-80)。鱼因产卵多、繁殖快,成为远古中原民族崇拜的婚配、生殖与繁衍之神,苗人渴望本民族子孙繁衍,对鱼旺盛的生殖能力特别

图 4-77　布朗族的"三尾螺"银簪

图 4-78　苗族服饰上的鱼纹

图 4-79　雷山苗族妇女服饰上的鱼纹

图 4-80　施洞苗族鱼纹绣花

崇拜，因而鱼在苗族艺术造型中，往往是其生殖观念的一种表达形式，是一种生殖符号。苗族服饰中的鱼纹随处可见，鱼纹图案常被演绎得千奇百怪、丰富多彩，有人头鱼身、龙头鱼身、鱼身生翅等多种鱼纹图案。造型最多的数黔东南的"对鱼纹"，也称"阴阳鱼"，略似汉族的"太极图"，阴阳鱼是我国古老的传统纹饰，阴阳交合生万物，亦表示男女交合，有生殖、生命的意象。黔东南一带苗族人的鱼纹还常常与龙纹符号结合在一起使用。湘西一带苗人的鱼纹的写实性很强，一般与荷花、莲子等配在一起。苗族人还有一种不寻常的鱼形符号叫"鱼干式"，似把鱼剖开后平面展开，鱼鳍张扬，一般出现在苗族蜡染中。

　　鱼纹被黎族人视为吉祥的图案，因为捕鱼是黎族人生活中经常性的劳动。在祭祀祖先的祭坛上，在喜庆的婚礼酒席上都必须有鱼，这样才幸福圆满、大吉大利。在彝族润方言区织锦上的鱼纹图（见图4-81、图4-82），象征着爱情生活的美满，寄寓双鱼吉庆之意，也体现了人们期望四季平安、年年有余（鱼）的意愿。赫哲族是个生产力比较落后的民族，靠捕鱼为生，鱼是赫哲族的主要衣食来源，因此鱼在赫哲族的原始崇拜中占有最重要的地位，对鱼图腾的崇拜在赫哲族的服饰上表现得淋漓尽致（见图4-83）。赫哲

图 4-81　黎族双鱼纹

图 4-82　黎族鱼纹

赫哲族服饰上的鳞片装饰

赫哲族鱼鳞纹男袍

赫哲族鱼鳞纹女装

图 4-83　赫哲族服饰上的鳞片装饰

族最具特色的衣服是鱼皮衣，衣裤、腰带、手套、鞋等均为鱼皮制成。不仅面料为鱼皮，就连缝制衣服的线也是由鱼皮做成的，这种古老的装束伴随了赫哲人很长时间。赫哲族的服装图案多为鱼鳞、鱼尾，荷包上的刺绣图案也以鱼为主，很多人在腰间佩戴木质或者金属质鱼形饰物，这些都是赫哲族对于鱼图腾崇拜的表现。

以鱼为图腾的民族还有水族，水族认为自己是鱼的后代，同时认为鱼是多子的象征。在民间的饰物和服装图案中，鱼的吉祥图案经常出现。

在水生物中，蛙也是农耕民族崇拜的主要图腾之一。

壮族系百越支系的"欧越"后裔，曾经将蛙图腾作为识别氏族的标志和名称，主宰过"欧越"部落的一切，对壮族的艺术文化影响很大，在图画、装饰、舞蹈等方面都留有深深的痕迹。最初，壮族人直接将自己装饰成蛙的样子，以祖先的身份来祭祀蛙，这便是"蚂拐节"（拐是蛙类动物，指小青蛙）的前身。壮族人把蛙的图案刻绘在身上以示同祖。追溯蛙神崇拜的缘由是壮族先民长期生活在以农业为主的华南多雨地区，他们发现青蛙的鸣叫似乎直接影响着天气的变化，因此相信蛙有神秘的特殊功能，想通过对蛙的崇拜，缔结与蛙的亲缘关系，从而得到蛙神的保佑，达到风调雨顺、五谷丰登的目的。

纳西族服饰古雅质朴，有浓郁的民族特色，是纳西族传统文化中的一朵奇葩。纳西族自古以来崇拜青蛙，认为它是一种有灵性的、智慧的动物，民间还将其称为智慧蛙。在他们的服饰中，最具有特色的是丽江纳西族妇女的羊皮七星披肩，则是纳西族蛙图腾崇拜的遗迹（见图4-84），象征智慧的青蛙被纳西人活灵活现地通过服饰表现出来，为了表示对青蛙的崇敬，就将披肩裁成了青蛙的形状，上面的七个圆可以说是七颗星，也可以说是青蛙的眼睛。纳西族已婚妇女头梳发髻戴帽，未婚姑娘则将发辫

图4-84　纳西族七星披肩

盘在脑后，戴包头布或黑绒小帽。他们在劳动或外出时，披羊皮披肩，披肩上绣有两大七小的九个圆形图案，俗称"披星戴月"或"七星披肩"。根据纳西族东巴经所载的盘球沙美女神的故事和民间传说：纳西族古时崇拜青蛙，东巴经典称之为黄金大蛙，民间传说中称它为智慧蛙。羊皮披肩的式样即是模拟蛙身形状剪裁而成，所以纳西族的羊皮披肩是载有青蛙图腾的服饰，它蕴含着纳西族的历史和思想内涵。

蛙纹在苗锦中亦有多种形式，体现了苗族先民对蛙的崇拜。苗族传说蛙是雷公的孙女，派到民间视察民情，若遇干旱蛙就日夜鼓鸣，通知上天下雨，降下甘露。为保佑风调雨顺，人们祭祀青蛙，每年都要过"蚂拐节"。在广西苗锦中有"蚂拐纹大花锦"（见图4-85），其中蚂拐纹排列在两边，青蛙被夸张成方头、有一对曲折而有弹性的长腿，前腿的蛙纹被省去（见图4-86）。

图4-85 广西苗锦中有"蚂拐纹"大花锦

瑶族传说中的创世女神密洛陀的五子阿坡阿难，因造雨而被封为雷神，他催雨的方式是敲击母亲给的神鼓和神锣。蛙鸣的鼓噪之声与锣鼓喧天不相上下，且广西民间各少数民族都有"青蛙鸣叫，天可降雨"的说法。在瑶族各支系服装中同样可见到各种蛙纹挑绣和印染纹样（见图4-87、图4-88）。在服饰中，有时蛙纹常常与鸡的纹符并列，作为阴阳对应，可引申为日月的象征；有时又与人形符号并列，引申为"娃"的含义。

图4-86 青蛙被夸张成简单的蚂拐纹

113

图 4-87　融水花瑶女上衣的挑绣蛙纹

图 4-88　金秀红瑶女上衣的挑绣蛙纹

　　黎族以农业为生，能保护水稻的青蛙自然成为他们的保护神，为了得到青蛙的保佑，黎族人把青蛙的形象刻在自己身上。在黎族织锦和服饰中也常有蛙纹（见图 4-89）。黎族传统观念认为蛙表达了母爱，它多产子，善抚育，并能避邪驱疫。当万物复苏之时，蛙声大就预示着丰收在望。黎锦中大量的蛙纹也表达了其对先祖的怀念，所以青蛙深受黎族百姓尊崇，这使得黎锦中上的蛙纹带有神秘色彩。

图 4-89　黎族筒裙的蛙纹

　　黎族蛙纹不但有稚拙的外形美，而且造型简练却变化多样。此外，因为在黎族民间传说中的女娲是月神，月中的嫦娥是蟾蜍的化身，因此黎族人民对蛙纹图案的创造是带着热爱、赞美和崇尚的心情。黎族人会把蛙纹设计在黎锦或其他装饰物上，用来保佑四季平安，这反映出人们向往美好生活的心愿。因此，在黎族五个方言区的黎锦纹饰上普遍织有青蛙纹（见图 4-90）。

图 4-90　黎锦纹饰上的青蛙纹

　　螃蟹纹在造型上与蛙纹有点相近，只是更饱满、壮实，在纹饰图案中常以满幅的形式填充空间（见图 4-91）。

　　龟纹，也是被黎族视为吉祥纹的一种图案，象征着不朽和长寿。黎族龟纹虽然都是用菱形和直线等构成，但人们会在龟背和四个脚上进行各种设计，从而创造出生动的造型，展现各种憨厚、可爱的姿态（见图 4-92）。黎锦上的龟纹比较显著的特点是龟爪张开、收拢很有张力，龟背上有"卐"的图案，寓意着天长日久、万年无疆。

图 4-91　黎锦上的螃蟹纹

游水龟纹

爬行龟纹

万寿龟纹

图 4-92　黎族织锦上的龟纹

由上文可见，南方地区崇拜水生物的民族多以农耕为生，源于古羌的"大禹"崇拜。鱼图腾的形象在服饰中多以鱼的造型出现，如：鱼尾帽、鱼形鞋、鱼形银饰物等。且鱼在苗族中可以与龙互换，所以在服饰中鱼的图案带有龙的特点。北方地区对鱼的崇拜源于渔猎生活中鱼的重要地位，最大特点是用鱼皮制作服饰，图案多为鱼鳞纹。此外，在农耕民族中水生动物图腾蛙同样随处可见，在民族服饰中多以抽象的蛙纹形象出现。

四、龙蛇图腾崇拜

龙文化的本源是蛇文化。蛇图腾崇拜源远流长，它是中华民族最本原的信仰物，在中华民族以龙为图腾的时代到来之前，华夏大地上有相当长的一段时间是以蛇为图腾的。我国长江中下游以南地区在古代被称为"蛮"，以崇蛇闻名的"闽"，属于"蛮"的一支。东汉许慎《说文解字》中解释"蛮"字为"南蛮，蛇种"，解释"闽"字为"东南越，蛇种"。古代越族便属于"南蛮"，古越族的后裔黎族、壮族、高山族、侗族等都有崇尚蛇的习俗。

龙作为中华民族的象征，是各民族的图腾，龙是古人们通过对蛇、鳄鱼等动物神化后想象出来的形象，在人们的观念中，龙的形象吸收了马的头、鬃，鱼的鳞、须、尾，鹿的角，鹰的爪，虎的掌，牛的耳，而整体的基调是蛇。在古越族蛇图腾遗存的地方，人们把龙看成蛇的化身，龙崇拜和蛇崇拜相互影响。传说中它能腾云驾雾，能穿三江过五湖，能兴风起雨。

在中华民族传统的大文化体系中，龙被视为皇权和中华民族的象征，不管是在潮湿温暖的南方地区，还是在干燥寒冷的北方地区，各族人民都习惯把自己看作龙的传人。相传在中国古代，流传着人类始祖伏羲与女娲兄妹通婚的故事。传说，伏羲和女娲是兄妹关系，由于天降洪水，兄妹俩爬进一个大葫芦里，躲过了劫难，然后兄妹结婚，繁衍了人类（见图 4-93）。汉墓画像石上的伏羲和女娲形象，大多是人首、鳞身、蛇躯，成交尾状，人类把他们比喻成人格化的蛇神。有的汉画石上的伏羲和女娲分别手捧着太阳和月亮，意为伏羲是太阳神，是阳精，女娲是月亮神，是阴精，代表着阳光雨露滋润着万物生长的寓意。少数民族先民崇拜龙，一方面是把龙作

图 4-93　汉代画像石上人首蛇身

为本民族始祖的象征，另一方面是祈求龙的保佑，使其风调雨顺、五谷丰登、家道兴隆、万民幸福安康。

湘西土家族服饰尚黑，并以蛇为图腾崇拜，把蛇视为祖先，禁止任何人打蛇，否则将大祸临头。在土家族的服饰面料土家织锦中，有不少蛇纹，如"窝兹纹"（见图4-94），又叫"大蛇花""窝必纹"（见图4-95）。"大蛇花"是土家织锦中一个较特殊的艺术形象，从上到下形成十分规则的卷曲，主体纹样由规则的小三角形、菱形块排列而成，极像蛇身上的斑纹，档头一般为寿纹平织。长蛇与寿纹，寄寓其中的吉祥意味自不难看出。

傣族以龙、蛇为图腾，男子在双腿上文上龙、蛇等花纹，表示自己是龙、蛇的子孙，以求祖先的庇佑。傣族服装刺绣图案多仿效蛇身的纹样，傣族妇女黑衣裙上的花纹多为菱形、三角形构成的带状图案，形如蛇身上的花纹，有的与银泡组合，犹如龙、蛇之鳞甲。

图4-94 土家"窝兹纹"（大蛇花）

图4-95 土家族"窝必纹"（小蛇花）

壮族崇蛇和龙的习俗历史悠久，《布洛陀经诗》中说，"吹风蛇进屋"，或"蛇爬篱笆"，或"青蛇缠绞屋檐"时，人们要祈祷，以保吉祥如意。壮族人认为自己与蛇是同类，"同类不相欺"，为了避免蛇类的伤害，于是他们会文身，在身体上刻画各种图案，"以像鳞虫"。壮族文身的习俗实际上是蛇图腾和龙图腾崇拜的结果。龙、蛇的形象在壮族服饰和织锦、刺绣中经常出现。在明代，壮锦中的传统品种"蟒蛇花"（见图4-96）被指定为贡品，其图案为八边形组成的棋格纹，犹如蛇皮斑驳的鳞片。

图4-96 壮锦中的蟒蛇花

　　侗族神话《远祖歌》中叙说宜仙、宜美生下了六个儿女：龙、蛇、虎、雷、姜良、姜妹，其中龙、蛇是侗族祖先的同胞兄弟，因此侗族人把龙、蛇视为本族神灵。直到清朝仍有侗族人自称"蛇家"，可见龙蛇崇拜在侗族中影响深远。在侗族的祭祀服饰中、儿童背带上、服装上及饰品中到处都可以看到龙蛇纹。侗族的龙纹表现较为含蓄，一是以折线蛇行线（见图4-97），中心是菱形连续纹两侧为凤尾纹；二是曲线的龙纹（见图4-98），图案均椭圆形、花瓣形、菱形成曲折状，有很强的节奏感；三是曲体龙纹（见图4-99），即龙身呈曲体状，由曲线组成如意纹。曲线的蛇纹和曲体龙纹被广泛运用于侗族儿童的背带上。聪明智慧的侗族人以特殊的针法——马尾绣做成的龙纹，形态各异，龙头胡须用涡线表示，龙身时隐时现，云纹缭绕，虚实并存，赋予了它精巧、细腻的神韵。侗族儿童背带分为上段盖帕和下段骑带两部分（见图4-100），整个背带都由龙纹组成，背带以"二龙抢宝"纹样为主，黄线和绿线绣成龙身，白色马尾绣线装饰图案边沿，中心纹样也是由龙纹组成，角花和花边均绣有"二龙抢宝"纹样，寓意吉祥如意。侗族儿童背带纹样丰富，在以龙纹为主体的图案上，还有花、草、鸟、蝶点缀其中，形成吉祥的景象。

图4-97　侗锦中的龙纹

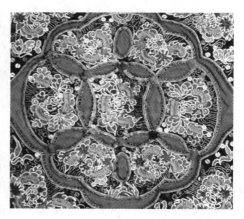

图4-98　侗族儿童背带上的曲线龙纹

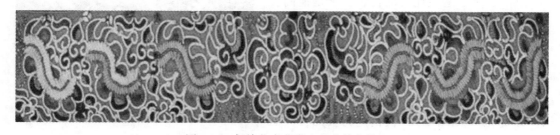

图4-99　侗族儿童背带上的曲体龙纹

背带上段　　　　　　　　　　　　　　　　下段骑带

图 4-100　侗族儿童龙纹背带

　　侗族在祭祖母神时穿蛇皮衣（见图 4-101），上面装饰有龙纹、螺旋纹、螺丝纹、太阳纹、八角纹等。侗族祭祀时穿的芦笙衣是世代相传的珍品，仅在重大祭祀时才穿（见图 4-102）。贵州从江地区侗族的芦笙衣局部可以看出，美丽的螺旋纹贯穿其中，它代表了太阳和光明，下面是盘蛇纹和流动欢畅的游蛇纹，令服装大放异彩。以上的盛装现已不常见，但是从中可以看出侗族对龙蛇的崇拜。

图 4-101　侗族男子服饰上的龙纹　　　　　图 4-102　侗族芦笙衣上的蛇纹（局部）

　　侗族妇女服装上的龙纹，常装饰于围裙、袖、襟等部位（见图 4-103）。贵州黎平妇女的围裙，腰头红缎上，裹肚上都绣有"二龙抢宝"纹，这是美丽的侗族姑娘送给心上人的珍贵礼物，还有侗族小孩所戴的帽子上也是母亲们精心绣制的龙纹。

图 4-103 侗族妇女服饰上的龙纹

龙蛇形象在瑶族服饰中同样被经常使用，瑶族史诗《密洛陀》中的二子波防密龙，便是专造江河湖海兴风作浪的龙。人们依据蛇、蜈蚣等虫类形象虚幻成龙，绣在衣摆、袖子、裙子等处（见图 4-104、图 4-105）。世代生活在隆回小沙江的瑶族，因为妇女喜爱穿戴色彩鲜艳的挑花服饰，从头到脚都喜着色，故有"花瑶"之称。花瑶人视蛇为神物，认为蛇是长寿的象征物，蛇崇拜在花瑶人的服饰中随处可见。据说花瑶人的挑花服饰色彩鲜亮，一方面有防止包括蛇在内的动物侵扰的作用；另一方面，在绣花筒裙上挑绣有大量蛇图案，其中便有崇蛇、敬蛇的含义。小沙江花瑶蛇纹图案有许多式样和名称，有"双蛇穿树"（见图 4-106）、"蛇盘腾柱"（见图 4-107）、"六蛇比势""两蛇相交""四蛇出水"，等等。花瑶妇女认为，穿着蛇纹挑花筒裙，有护身防身的作用，她们没有丝毫的恐惧感和不适感。因此，蛇纹图案在花瑶人中流行至今。

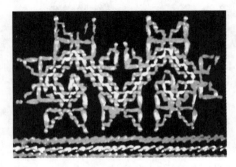

图 4-104 金秀花蓝瑶女子衣摆处的蛇纹

图 4-105 桂林龙胜红瑶女子上衣的蛇纹

图 4-106 花瑶挑花裙上的蛇纹(双蛇穿树)

图 4-107 花瑶挑花裙上的蛇纹(蛇盘图腾柱)

白族人自古耕种，雨水的多少直接影响农业的兴衰，人们认为有水的地方就会有龙王，龙有呼风唤雨的功能。因此白族人对龙顺从敬畏，视龙为图腾，他们自称"九隆族"之后，并且通过装饰方法用图腾美化自身，以示与图腾同存来取得龙图腾的保护。白族古代即盛行文身，在身上刺的纹样，近代大理马帮的白族老人，仍在手臂或者胸部刺刻龙纹，以保平安。另外，以龙蛇纹样文身的民族还有傣族、布依族等。

龙蛇是百越各族一直敬仰的图腾物。黎族民间传说图经中称："雷破虫卵，中有一女，据此诞生黎类，因名黎母"。黎母山传说中称："雷摄一蛇卵，在此山中，生一婴，后为黎母，食山果为粮，剿木为居。岁久，交趾蛮过海采香，与之结婚，子孙众多，方开山种粮。"黎族人以龙蛇纹代表高贵、善良和美好，是祖先崇拜的象征，并把对龙蛇的崇拜情感刻画在他们的身体上，织进闻名遐迩的黎锦中(见图 4-108)，在他们的服饰上龙纹的装饰随处可见。

图 4-108 黎族筒裙上的龙纹及龙纹装饰纹样

渗透黎族人民最高智慧和技术的龙被是黎族对封建王朝皇帝的贡品，色彩斑斓，工艺精湛，其中龙形的变化更是花样繁多。在黎锦双面绣上的龙纹主要有两种，一是爬行龙纹样（见图 4-109），龙头向前，身躯作爬行状，额顶有角，躯下有足，这是以龙形为基础变化的几何图案，以直线表示龙的身体，以短线、正方形或者菱形表示龙麟；二是蛟龙的纹样（见图 4-110），龙的形象复杂逼真，呈腾飞状，头上有双角，与云纹同时出现。在黎族民间传颂着的龙，不仅能呼风唤雨，而且善良、勇敢、热爱生活，给黎民百姓带来雨露和春天，带来农业的丰收，所以黎族人把它作为高贵、吉祥、幸福的象征。

图 4-109 黎锦爬行龙纹图   图 4-110 黎锦双面绣蛟龙纹

苗族是个崇拜多图腾的民族，传说龙为苗族女始祖蝴蝶妈妈所生，龙在苗族的创世神话中也长期扮演人类始祖的角色，苗族古歌中说水龙与水牛等都是苗族祖先姜央的兄弟，认为人与龙有血亲关系。在苗族丰富多彩的服饰中，"牛角龙"较为常见。除此之外，龙的形象融入凤身、蛇身、鱼身、牛身、鸟身、蜈蚣身、蚕身，形成飞龙、蛇龙、鱼龙、牛龙、鸟龙、蜈蚣龙、蚕龙等多姿多彩的形象（见图 4-111）。因此龙也被称作水牛龙、鱼龙、蚕龙、双头龙、蜈蚣龙、人头龙、水龙、虾身龙等。黔东南苗族服饰中的龙纹有人首蛇身龙的纹样，苗人认为人首龙身或者人首蛇身是其祖先的形象。他们还认为牛龙相通，牛即是龙，龙头上长牛角，所以其祭祖活动中的"赶龙下海"其实就是"驱牛入塘"。榕江苗族蜡染中的龙纹，形体既像蛇，又像蚕。苗族龙纹的内涵除了龙图腾崇拜的原始意识，还有乞求纳福迎祥、消灾免祸之意。龙纹表现为稚拙天真，憨态可掬，与人和自然万物十分亲近。

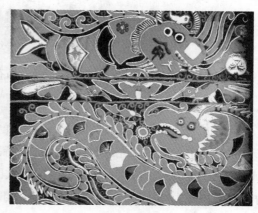

图 4-111　苗族服饰中的龙纹形象

　　苗族以龙为主题的符号有二龙戏珠（见图 4-112）、对龙对凤、双龙戏石榴、大龙蛇、翔龙、云龙、盘龙等，它们或憨态可掬或抽象写意，体现出苗人独特的审美意趣和精神世界。都柳江上游苗族龙纹多用绿色底布，纹样以红、蓝、黄、白、黑五正色并重，强调色块的对比、跳跃，造型狂放，更具原始野性（见图 4-113）。龙的形体多用三角锯齿纹勾边，极富装饰韵律，龙形多取鸟头、蛇头，躯干如蛇一般盘曲。

图 4-112　苗族服饰中"二龙戏珠"

图 4-113 苗族百鸟衣上的鸟头头龙身纹

　　随着龙文化在苗族中的根植和传播，龙的形象越来越威严，龙的寓意越来越美好。在苗族银饰中，大多数龙纹都见于头饰，特别是女性戴的银角，多为"二龙戏珠"（见图 4-114）等吉祥图样。苗族女性项圈上的龙纹图案也比较普遍，常常与其他的花鸟蝴蝶等动物图样搭配，特别丰富。苗族女性的手镯、项圈上常能看到龙头挂钩，同样与各种动植物平等共处于手镯或项圈之上。还有流行于丹寨排调一带的龙凤纹胸牌（见图 4-115），纹样对称工整，为双龙吐珠、双凤啄鱼、双十字花及八只形似花瓣的催米虫组成，当地笃信万物有灵，出现在胸牌上的这些动物纹样显然都具备某种巫术灵力。黔东南的苗族还爱将鱼体、虾体、蛙体、蟾体、鼠体、蝶体等各种"龙"的形象通过刺绣或打制成银牌（见图 4-116）的方式装饰在服装上，从而驱疫避邪，寻求平安幸福，同时也寓意子孙繁衍绵送。近年来西南各地的苗族人民盛行春节"舞龙"、端午节划龙舟，这些都是苗族人对民族兴旺、国家富强的祈祷和祝愿。

施洞地区苗族银角（前）　　施洞地区苗族银角（后）　　西江地区苗族银角

图 4-114 苗族银角上的龙纹

图 4-115　苗族龙凤纹胸牌

图 4-116　民族妇女背后的银牌装饰

　　我国台湾地区高山族源于百越族的后裔和南沙群岛的土著民族，高山人在生活习俗上深受大陆百越族的影响，将蛇认作图腾，以蛇为神灵的化身。对蛇图腾的崇拜在高山族的生活中随处可见，如高山族的主柱，其上到处刻有祖先形象和蛇纹，颇为神秘而深沉。蛇纹运用普遍，一是因为高山族长期生活在蛇类出没的亚热带地区，对蛇有着深厚的感情；二是与高山族的图腾崇拜有关，他们把百步蛇视为自己祖先的化身，认为祖先的灵魂附着于蛇的身上，因而不能伤害它们，并把它们视为神灵加以崇拜，祈求保佑。高山族将以蛇纹为饰的织绣衣料制成裙、衫乃至结婚礼服。无论男女，都在服饰上绣或刻上蛇纹，尤以百步蛇（见图 4-117）最具特色。

图 4-117　高山族服饰上的"百步蛇"

　　高山族中的排湾人，其男女服饰上均绣有蛇纹（见图 4-118）。传说远古时期太阳神到大地上生了红、白二卵，命令百步神去保护它们，最后产出男、女湾人。排湾人将蛇纹作为服装上的纹样，有的用缀珠绣成对称状蛇纹或在黑布上绣出青蛇卵孵出的二神，就是排湾人的祖先，短衣的胸前补绣有人头纹（见图 4-119）和百步蛇纹的图案。蛇纹在织锦中变化成几何形的折线、三角形、菱形，这是不同民族根据对蛇的不同部位的不同体验以及审美所作出的不同的概括。另外，高山族奉蛇为祖先，祭祖时将蛇相置放在族堂上来祭奠，高山族人的屋饰、生活用品中有很多都雕饰蛇纹或者做成蛇的形状。

125

图 4-118 高山族男子补花蛇纹服

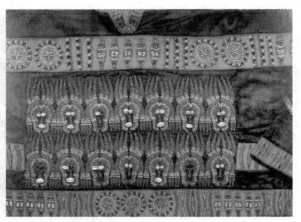
图 4-119 高山族服饰中珠绣人头纹、蛇纹、太阳纹

高山族织锦和刺绣中也以蛇纹居多（见图 4-120），还有由蛇纹演变而来的屈折纹、曲线纹、网纹、菱形纹，等等。高山族姑娘所穿服饰也以蛇纹为美。

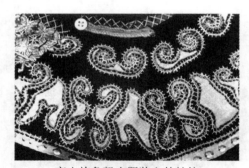
高山族鲁凯人服装上的蛇纹

高山族泰雅人织锦上的蛇纹

图 4-120 高山族服饰上的蛇纹

高山族最具特色的文身习俗是关于其蛇崇拜的最早记载，《隋书·东夷传》中说："妇人以墨黥手，为虫蛇之文。"高山族人为了得到蛇祖的庇佑，他们将蛇的纹样刻画在脸上、身上。可以说，高山族文身习俗是源于对蛇的崇拜，文身纹样中的几何图案也是根据蛇身上的图案变化而来的。

佤族民间有"天父龙母"的传说，即龙是人类的母亲，因此佤族人崇拜龙，只有佤族的头人才有资格穿绣有双龙图案的衣服，而且双龙一定要绣在内衣上，只能自己穿，不能转借给他人，这已成为佤族的一个习俗流传下来。

彝族也自称是龙的传人，并以龙为图腾，服饰上的龙图案表明自己是龙的后裔。彝族人认为龙是自己的祖先，龙和虎一样也是彝族的图腾物，都作为吉祥物，穿戴龙图腾头饰、服饰以驱害避祸之俗在后世彝族中多有传承。绿春、红河交界处的部分彝族妇女衣衫背部镶补装饰有龙纹图案。今在四川大凉山、云南小凉山、贵州西北部等地也可以看到某些彝族男子所穿的"擦尔瓦"披毡背面有龙斗虎图案；而红河、绿春女子衣背上的龙图案栩栩如生，且有"无龙不成衣"之说，这都直率地表现了彝族以龙自命、认为龙是自己祖先的观念。

哀劳夷是彝族的重要组成部分。《后汉书·西南夷列传》《华阳国志》等史籍均有记有哀劳山下"沉木化为龙"的"九隆神话"：汉代永昌郡即今保山地区，哀劳山下有打鱼为生的妇女沙壹，其小儿名为"九隆"。"九隆"兄弟与哀劳山下另一夫妇的十个女儿通婚后便有了后人。九隆因聪明勇敢而被人们推举为王。九隆死后，他们的后裔发展成若干个支系，"分置小王，往往邑居，散在溪谷"，"名号不可得而数"，但他们依旧模仿龙的形象在衣服后面拖一幅布或"衣服制裁皆有尾形"（见图4-121），又在四肢上刻画龙图案以表示对"九隆"始祖的纪念。因此衣着尾实际上是远古祖先崇拜在彝族服饰上的表现。

图4-121　彝族妇女背后装饰

蒙古族亦崇拜龙，古代人把饭撒在湖中祭龙，渴望风调雨顺、农业兴旺。宋代就已经有了关于蒙古服饰中龙凤图案的记载，南宋使者彭大雅在对蒙古汗国的服饰记载中说："其服：右衽而方领，旧以毡鑫革，新以粉丝金线，色以红紫、绀绿，纹以日月龙凤，无贵贱等差。"龙凤的图案在蒙古族中应用十分广泛（见图4-122），蒙古族民间有一首"荷包歌"是这样唱的："九岁的姑娘呀绣呀绣到一十八岁，九条金龙呀转动着眼睛的荷包……"在蒙古族最具特色的摔跤服中（见图4-123），龙的图案最醒目，也最有代表特色。

图4-122　内蒙古锡林郭勒盟女子服饰（局部）

图4-123　蒙古族摔跤服饰

龙是中国黄河流域华夏先民的祖先，因此汉族人也称自己为华夏儿女，人们对于龙的崇拜直接从服饰中表现出来。在封建社会，龙是皇权的标志，只有皇帝才能穿饰有龙纹的"龙袍"，使用带有龙纹的东西（见图4-124）。

为满足皇家贵族或宦官的虚荣心理，近似龙纹的蟒纹（见图4-125）出现了。蟒纹在头部五官及肢爪上与龙纹相比都发生了细微变化，貌似龙纹，却有差异，其构图形式与人们的精神世界和宗教信仰融合在一起。

图4-124 清代龙袍　　　　图4-125 贵族服饰上的蟒纹

在少数民族中，由于很多的民族文身习俗源于对蛇的恐惧，为了避免伤害以示同化，会将蛇纹刻在身体上，因此龙蛇纹在文身图案中最为常用。不同的民族文化中龙有着不同的含义，因此在不同民族服饰中龙的形象风格迥异。龙蛇的图腾形象在服饰中多以图案的形式出现，由龙蛇纹演变的几何纹也较常用。龙蛇的图腾形象在配饰中多以龙蛇造型出现，如龙头插簪、鱼鳅龙手镯、龙凤银片装饰等。

五、凤鸟蝶图腾崇拜

（一）凤鸟图腾崇拜

鸟图腾是中国原生的主要图腾之一，我们的老祖先，把龙凤列为四灵中的二灵，并赋予其非常奇特的形象，使其成为集多种鸟兽特点于一身的神异动物。"凤"即凤凰，凤凰是神话传说中的瑞鸟，"天上百鸟朝凤凰"，凤凰的美丽形象作为吉祥、喜气的象征广为流传和应用。在民族服饰中，凤鸟的纹样和造型，姿态优美，神气十足。

凤凰图腾原型为玄鸟图腾。凤凰的形象是由自然界中各种不同动物融合而成的神物，由鸡头、蛇颈、燕颔、鱼背和鱼尾组成，色呈五彩。原始社会中的许多氏族部落崇拜鸟图腾，他们相信自己的氏族或部落源于某种特定的鸟类，从而加以崇拜信仰。殷商民族崇鸟，因此有"天命玄鸟，降而生商"的说法。中国古代东南沿海一带、长江下游地区、山东地区等流行过鸟崇拜的习俗。

阿尔泰语系的诸民族都信仰萨满教，他们视鸟为图腾，认为鸟有神力，视其为萨满信仰中的最高神，所以在萨满的服饰中经常有鸟的造型出现。蒙古萨满的服饰中最大的特点就是头上插着羽毛，衣服袖子和前身的皮条或布条象征羽毛，后身的长片表示鸟尾，萨满做法时翩翩起舞模仿鸟的各种姿势动作，通过萨满对鸟的模仿，说明鸟在蒙古人心中是有神力的。满族萨满的神帽帽顶前是一只铜制的鹰，后侧是两只鹿角，角叉的数量表示萨满的等级。萨满神衣一般用鹿皮制作，下身后侧是绣有飞禽、鹿、蛇等有神力的动物的飘带。萨满做法时，神衣衣袖上展开的飘带好像鸟翅，身后的飘带如同鸟尾，加上神帽上的鸟，萨满如同一只展翅的大鸟。鄂伦春族崇拜鸟类，所以认为萨满也会像鸟儿一样飞翔，在萨满帽顶上有各种鸟类模型，帽檐的五彩飘带象征着神鸟飞翔的翅膀……鸟类图腾在服饰中的影响较为明显，主要表现在以下几个方面：

1. 鸟造型

苗族银饰的各种造型纹样，记载了苗族的社会历史、图腾崇拜和传说，蕴含了苗族的文化内涵，体现了苗族独特的审美视角和思维方法。苗族银饰以大量的抽象符号和夸张变形为特点，是苗族人民千百年来对图腾崇拜的高度提炼和概括。黔东南苗族头饰普遍佩戴银角，造型源自其祖先蚩尤"头有角"形象（见图4-126）。贵州黄平苗族妇女的凤冠（见图4-127），不仅体现出对鸟的崇拜，还有生殖崇拜的寓意。其凤冠是用银制成的，

图 4-126　黔东南苗族头饰

图 4-127　黄平苗族姑娘头饰

由数百朵精致的四瓣圆形小花扎于半球状的铁丝箍上，形成半球形冠。冠顶中央插有一银凤鸟，凤鸟两侧插有二至四只形状不同的小鸟。凤冠正面挂着三块长短不一的银牌，银牌上的花纹是"双凤朝阳"，置于"二龙戏珠"之上。以凤（鸟图腾）作为银冠的形制主体，佩戴在姑娘的头上，也含有把生殖繁衍看作至高无上之意。姑娘戴上这样一个漂亮的银凤冠，不仅为了美丽，而且还冀求子孙满堂、家族繁盛。

畲族崇拜吉祥鸟——凤凰，妇女都穿"凤凰装"。凤凰装（见图4-128）主要由凤头、凤身、凤尾、凤声组成：以红头绳扎头髻盘于头顶，象征着凤凰的头；在上衣的领部、肩部、袖部和围裙的腰部、下摆部刺绣上大红、桃红、金黄色的各色花纹，其间点缀着金丝银线的装饰，象征着凤凰的颈、腰和美丽的羽毛；后腰部垂下若干条金黄色腰带，象征着凤凰的尾巴；周身悬挂着叮当作响的银饰，仿佛就是凤凰的鸣啭。畲族新娘戴的"凤凰冠"，是用竹简做的一种小而尖的帽子，用黄布包着，上面装饰着银牌、银铃和红布条，后面有四条红布条一直垂到腰间，前边还有一排银质小人儿，垂吊在前额，遮掩住面部，使得新娘在俏丽之中又显神秘。

图 4-128　畲族凤凰装

关于"凤凰装"，在畲族流传着这样一个传说：畲族祖先五色犬盘瓠因平番有功，高辛帝招他为三驸马，在与三公主成亲时，帝后娘娘送给三公主一顶凤冠和一件镶着珠宝的凤衣，祝福女儿像凤凰一样吉祥幸福。三公主婚后生下三男一女，生活幸福美满。当她的女儿出嫁时，美丽、高贵的凤凰竟神奇地从山上飞出来，嘴上衔着一件五彩斑斓的凤凰装。从那以后，畲族的女性就以穿凤凰装为最美的盛装。凤凰装也就具有了一种神圣的意味，即可以助人祈求万事如意。如今畲族的凤凰装绣有大红、桃红或夹着黄色的花纹，有的还绣上金丝银线，以代表凤凰的那绚丽羽毛，头上的凤凰冠则代表尊贵的凤首。在喜庆的日子里，畲族人要穿上整身的"凤凰装"，既是对祖先的怀念，又可以感受到先人的护佑。由此，从畲族的服饰中可以看到祖先崇拜的印记。

彝文经典《夷僰榷濮》中就有记载，远古时天地之间没有光明，无白昼黑夜，是公鸡的不停啼叫才使光明降临大地。此外，还有传说认为，彝族祖先的村寨中曾饱受蜈蚣之害，是公鸡帮助彝族人战胜了蜈蚣。由于这些传说对公鸡的神化，使得公鸡也成为彝族自然崇拜的内容，由此公鸡曾在彝族发展的历史上占有举足轻重的位置。由于公鸡在彝族的传统文化观念中是一种吉祥物，认为公鸡是正义力量的代表，能战胜邪恶势力，驱魔避邪，以光明代替黑暗。所以，彝族人民通过把公鸡图案绣在服饰上，也表达了一种渴望幸福、吉祥的愿望。旧时一切新的建筑，包括房屋、桥梁、碑石等的破土奠基、竣工典礼，彝族习惯用公鸡冠血开光，以示有灵。亲友间盛宴宾客，必须以鸡头敬客。这些都是公鸡崇拜的表现。彝族先民迁徙时鸡是必带之物，在当时人们只能"日出而作，日落而息"而没有具体时间概念的情况下，他们认为鸡有呼唤日月的功能。彝族人为了表达他们对鸡的感激之情和希望能永远得到鸡的护佑，将公鸡图案反映到服饰上。传说公鸡可以驱逐来自森林的魔邪，以求吉祥、幸福、平安。鸡崇拜在服饰中最为典型的就是彝族鸡冠帽，其主要是模仿鸡的形态特征。仔细观察会发现，云南楚雄彝族鸡冠帽主要模仿鸡冠的形态；而大凉山美姑彝族儿童鸡冠帽（见图4-129），则是在模仿鸡冠的基础上，加入了鸡尾的特征，整顶帽子由帽前宽阔的大红色鸡冠和帽后高高翘起的鸡尾组成，前立鸡冠，中有弧线，后翘尾羽，侧观酷似一只公鸡，造型逼真。

图4-129　彝族儿童鸡冠帽正面和侧面造型

彝族姑娘头上的鸡冠帽戴，是主要流行于楚雄州的武定、永仁、双柏，红河州的元阳、金平、绿春、红河及昆明市郊等地的纳苏、尼苏彝族支系女子头饰之一。楚雄、昆明的鸡冠帽以花纹为主，红河、金平、元阳等地的公鸡帽（见图4-130）以银饰为主，全用桂花小银泡来镶嵌，形状逼真。公鸡帽的颜色或者是否佩戴公鸡帽饰是判断女子婚否的标志之一。

图4-130　彝族女子鸡冠帽

云南中部和南部彝族地区的少女喜戴鸡冠帽（或称公鸡帽）。如今，每逢节日，彝族姑娘仍喜爱戴上鸡冠帽（见图4-131）参加活动。尽管鸡冠帽的做工与材质有了很大改进，但是鸡图腾能给人带来平安吉祥的驱魔避邪的功能世代相传。彝族妇女服饰上的花鸟图案中的鸟图案在某种程度上也可以理解为鸡的变形。黔西北、滇东北等地区的彝族妇女穿鹰头形鞋和广西隆林一带的彝族妇女穿绣花鹰头鞋，都是为了能够得到鹰神的庇佑。云南部分彝族地区视喜鹊为吉鸟，因而也穿一种模仿喜鹊模样的服装：戴黑头帕、穿黑背心、白色长袖衣，背后看去，很像一只黑头黑身白翅的喜鹊。

图 4-131 永仁地区彝族妇女鸡冠帽

白族崇拜鸡，传说他们的祖先是从金花鸡的蛋里孵出来的，认为公鸡知吉凶，会保佑他们，因此他们把鸡作为自己的图腾。为了能够得到鸡祖先的保佑，避邪祈吉，白族姑娘有戴鸡冠帽的习俗(见图 4-132)。

白族鸡冠帽前面   白族鸡冠帽后面

图 4-132 白族鸡冠帽

红河地区的哈尼族姑娘也习惯戴鸡冠帽，碧约地区哈尼族妇女的包头就是哈尼人崇拜的白鹇鸟肖像。

蒙古族崇拜鹰，常常把它视为神，蒙古族部落中就有自称鹰氏族的支系。蒙古族流传下来的武圣成吉思汗像中就戴着栖鹰帽，元世祖忽必烈可汗也戴这种栖鹰帽。将发型设计成鸟类形状发髻来表现对图腾的怀念，在少数民族妇女的头饰中也较为常见。另外，土族男青年头戴后檐上翻、前檐张开、形如"鹰嘴啄食"的白毡帽也较为常见。

壮族创世经诗《布洛陀经诗》中记载，布洛陀是壮族人的始祖，是创造天地万物的创世神，同样也是鸟图腾部落的首领，因此壮族人认为自己是鸟的后代。壮族人崇拜凤凰，至今壮族仍保持着祭凤的仪式，在他们看来，凤凰是神鸟，能通鬼神，寓意吉祥，是美丽的象征，壮族姑娘都希望自己像凤凰一样美丽。有些地区的壮族已婚妇女模仿凤凰梳龙凤髻，将头发由后向前拢成鸡(凤)臀的式样。

阿里普兰地区的藏民崇拜孔雀，当地妇女便模仿孔雀来装扮自己(见图4-133)，其斗篷由氆氇和山羊皮缝制而成，从头到脚的装饰据说都与孔雀的形状有关：她们戴棕蓝色彩线制作的圆顶帽——"田丁玛"，帽子的底端截去一段以使辫子通过，用珊瑚和珍珠制作的耳坠与独特的帽子象征着凤凰的头冠。白山羊皮制成的"改巴"在背后，用氆氇粗条线缝制的带圆形花纹的图案镶嵌在正中，象征孔雀背部，周边镶嵌棕色和蓝色的氆氇是孔雀的翅膀，底部分开的三道岔口表示孔雀的尾羽。

图4-133　阿里普兰县妇女的装饰

景颇族祖先崇拜孔雀和白鹇等鸟类，据说景颇族盛大的节日——"目脑节"与鸟的活动有关。每年农历正月十五，景颇山上都要举行隆重的"目脑"盛会，会上最引人注目的是成千上万人的舞队：男子手握长刀，跳舞的男子头上均戴鸟嘴形帽、插孔雀羽毛(见图4-134)；女子颈项上挂银项链和银圈，腰挎红色和黑色毛线织的缀有许多银泡银链的挎包，前胸和后背镶嵌着3圈闪闪发光的银泡，从银泡上向下挂着一串串银链和银饰物，以模仿吉祥的孔雀(见图4-135)。在头饰鸟羽的景颇祭司"脑双"的带领下，列队按"目脑柱"上的花纹回旋歌舞，象征性地溯回传说中祖先居住的青藏高原。

图 4-134　景颇族目脑众歌的领舞者服饰　　　　图 4-135　景颇族女子服饰

　　土族人视鸟类为神，他们将鹰或者鸟类的造型融入服饰中去，以求得到神灵保佑。土族服饰中的袖筒呈类似于鹰或者鸟的翅膀的形状。在土族民间中有五色鸟的传说，妇女头饰"扭达"即与此有关："捺仁扭达"，头顶插着象征鸟羽的剑，背面悬挂着由小珊瑚和石珠串制成的圆盘，脑后扣一小铜碗，如同凤凰；"加斯扭达"，周围垂挂红穗，也是模仿凤凰鸟首；"适格扭达"，正面贴红、绿、蓝、黄、白五色彩布，象征五色鸟的颜色，周围镶嵌着各种象征鸟羽的云母片、丝穗、钢针等饰物，是为了纪念五色鸟而模仿其形象。

　　哈尼族人一直认为自己与神鸟图腾有着血缘关系（在第四章第二节有记载）。哈尼族爱尼人祭祖神话中说天地分开后燕子是最早飞翔于天上的，它用万物种子创造了世界，之后它的第 23 代后代的鸟蛋中孵出了哈尼族始祖。为了表示自己是燕子的后裔（见图 4-136），至今哈尼人上衣的腰部，仍留有形似燕尾的"披甲"（妇女遮盖臀部的箭头状布带）和"马乘"（男装两肋下摆开口），腰间缠裹、头部装饰羽毛。哈尼族

图 4-136　哈尼族女子背饰

姑娘头饰上装饰有天界神鸟的红羽，表示对来自天界的神鸟的崇奉，以祈求护佑人生平安。

满族妇女的传统发式"叉子头"，梳时将头发平分两把，又在脑后垂下一缕头发，修成两个尖角，名谓"燕尾"，这是摹仿燕子的典型例子。

另外，在苗族"嘎闹"支系中，流传着穿锦鸡服饰的风俗（见图 4-137）。传说他们的祖先来到这里，锦鸡帮助他们获得了小米种子，并助他们度过饥荒，锦鸡也就成了他们的命运吉星。于是，他们模仿锦鸡的模样打扮自己，又模仿锦鸡的求偶步态跳芦笙舞。而在深层潜意识里，这支苗族自称"嘎闹"，系远古鸟图腾部落的后裔，至今，锦鸡舞仍在他们的祭祖活动中扮演着重要的角色。

图 4-137　苗族"嘎闹"锦鸡服饰背面

2. 鸟羽毛装饰

鸟信仰便是将鸟类视为拥有灵性的信仰物，并顶礼膜拜。对于某些鸟类的崇拜心理，使得人们在服饰材料选择方面自然会采用一些羽毛作为材料，以期能够获得保佑，或者希望吉祥，或表达崇敬。可以说，采用羽毛作为服饰材料或进行人鸟化的装饰，是古人对先祖鸟图腾崇拜的追忆和延续，是一种同祖认同。

将鸟的羽毛插在头上或者装饰在衣服中，是鸟图腾在少数民族的服饰中体现得最为明显的。藏族苯教经典《黑头矮人起源》中认为人类是由鸟卵孵化的。奥地利藏学家内贝斯基在《关于西藏藏族萨满教的几点注释》中说："藏族在祭奠时祭司所穿的所谓的'垛来'，是祭司举行火祭仪式或表演宗教舞蹈时所穿的外衣，实际上'垛来'是一种插有羽毛的衣服，肩部也用羽毛装饰，是一种经过简化的改变。"[1]

西藏佛教僧侣用兀鹰这种当地最大的飞禽的羽毛来装饰"垛来"。兀鹰羽毛也用来装饰祭司的头盔，而根据萨满教的仪式，萨满巫师的头巾上也要戴上羽毛（见图 4-138）。"垛"是藏族宗教中的一种法器，在藏族的招魂、祈福、敬神等宗教活动中，鸟类扮演着重要的角色。白马藏族是藏民族的一个支系，该支系流传着白色公鸡救白马人的故事，人们因此以鸡作为图腾。白马人居住的地方入口处，通常有个特色浓郁的寨门，寨门呈白毡帽造型，帽顶上有一根白羽毛。白马人无论男女都戴羊毛制作的白色毡帽，上面插着一到三根白色的鸡毛，据说是用来纪念鸡的救命恩情。

---

①　本书编写组：《国外藏学研究文集（第四辑）》，西藏人民出版社 1988 年版，第 121 页。

古代阿昌族崇拜鸡，明代《云南图经志书》卷五说："男子顶髻戴竹兜鍪，以毛熊皮饰之，上以猪牙鸡毛羽为顶饰。"现在一些地区的阿昌族人祭祖时还要戴上鸡毛做的羽冠。

侗族人崇拜鸟类，在侗族的原始图腾中就有仙鹤、金鸡、凤等，他们把鸟类看成吉祥的化身。黔中南地区侗族的四大款式服饰中有孔雀式和喜鹊式，侗族女子盛装时穿饰以羽毛吊珠的花裙或者鸡毛裙，头围插白鸡尾或鸟羽的银片。在现代，一些地区的侗族青年仍以包头上插鸡尾或鹭羽为美。

图 4-138　贡嘎县望果节藏族巫师头饰

苗族最有特色的盛装"百鸟衣"中，鸟的图案惟妙惟肖、丰富多彩。从苗族盛装百鸟衣、凤冠、男子发髻上插羽毛及裙摆的羽毛装饰等装扮中，可以看出苗族对于凤鸟图腾的崇拜（见图 4-139）。

图 4-139　苗族服饰中下摆的百鸟衣羽毛装饰

北方地区的崇鸟民族也多用鸟羽来装饰服饰。哈萨克族把天鹅作为图腾来崇拜，故哈萨克人不杀天鹅、忌吃天鹅肉，认为伤害天鹅的人会遭到报应。哈萨克族妇女把白天鹅的羽毛插在帽顶上来表示对天鹅的尊重。哈萨克族人认为白色象征高贵、纯洁，这与哈萨克族崇尚白色，以白天鹅为图腾有关。哈萨克人将猫头鹰视为神鹰，认为它是智慧、勇敢、吉祥的化身,哈萨克族最具民族特色的"塔合亚"硬壳圆形帽的帽顶上就插有一撮猫头鹰羽毛,象征着吉祥。

维吾尔族崇拜鸟,在《赛奴伯尔》长诗和很多民间故事中,有关于维吾尔人对于山鹰、凤凰、秃鹰等鸟类的赞美的记载。维吾尔族人喜欢在帽上插象征威武、吉祥的鸟的羽毛。清代的《西域闻见录》中有"缠回"(即维吾尔族)"女帽冬夏皆用皮,而插禽翅于前,以为装饰"的记载。

另外,土族的巫师在祭天时头插羽毛翎,身穿彩色长袍,还是与鸟类崇拜有关。元朝蒙古妇女常戴的一种名为"顾姑"的冠饰上面常插禽类羽毛,也是关于鸟类图腾的反映;柯尔克孜族少女的帽子上多插有禽类的羽毛,则是受了所崇拜图腾的影响。

3. 鸟图案

鸟图案在民族服饰中多有表现,不论是在南方地区还是在北方地区,崇鸟的民族都爱将鸟图案或绣或织在服饰中。运用最为广泛的是鸟类之王"凤"的图案,因为它是吉祥和高贵的象征。

鸟纹,寓意安宁、和平。黎族织锦中以简洁的线条表现出鸟的特征,造型以正面和侧面居多。在黎族地区,流传着一个关于甘工鸟的传说。传说中,有一位美丽勤劳又聪明能干的黎族姑娘,她叫甘娲,恋着黎族青年劳海,但她的后母要把她嫁给一个财主以获取钱财。甘娲当然不从,家人就将她关在一个竹笼里,送到财主家。甘娲在笼子里听到了燕子欢快的叫声,此情此景下,她叹息自己还不如一只鸟。不久后,她就变成了一只鸟飞走了,还发出音似"甘工"的鸣叫声。之后,黎族人就将这种甘工鸟视为排忧解难的吉祥鸟,并把它织绣在筒裙上。此外,黎族还认为鸟是呼唤春天的使者,象征着生命,因此常会把鸟纹作为主题织在图案显著的位置上以示崇拜。当然,在各方言区,鸟的形态各不相同,仅赛方言区织锦上的鸟纹就有很多种造型(见图4-140)。

图4-140 黎族织锦中的鸟纹

137

　　《苗族古歌》中记载：世上最初只有云雾，云雾生出两只巨鸟，二鸟相配生出天地。天地间只有一棵枫树，枫树生出蝴蝶妈妈，蝴蝶生出 12 只蛋，并由鹡宇鸟将其中一只蛋孵出了人祖姜央。从这个传说可以看出，苗族把鸟看作最初始祖。在苗族服饰中，鸟纹的刺绣纹样极为常见（见图 4-141、图 4-142），如鹡宇鸟纹样随处可见。夸张美丽的尾羽以及爪和嘴是鹡宇鸟主要的特征，如灰色或黄、白色的大嘴，以及黄、白色的爪。通常与猫类动物纹、鸟纹、蝶纹、鱼纹、虎纹等同时出现（见图 4-143）。另外，在苗族服饰中，鹡宇鸟纹样通常也和龙纹同时出现，龙纹呈"S"形，将画面分割为三块大小不等的面积，在空间中填充大小、动态不同的鹡宇鸟纹、蝴蝶纹、虎纹，使得纹样构图活泼，主题突出。如图 4-144 所示，图案表现了苗族古歌《蝴蝶妈妈》的故事，述说了人类起源的传说：蝴蝶妈妈"妹旁妹留"生了 12 个蛋，由鹡宇鸟孵，最后长蛋变龙、花蛋变虎、黑蛋变牛、黄蛋变人……于是有了世间万物。

图 4-141　苗族服饰上的鸟纹

图 4-142　苗族百鸟衣上的鸟纹局部

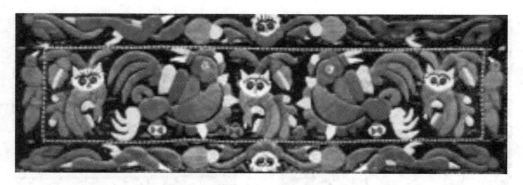

图 4-143　苗族鹡宇鸟纹与猫类动物纹

鸟纹在壮族、侗族织锦中占有较大的比重。古代百越人崇拜鸟的图腾，认为鸟是吉祥的化身，可以给人们带来幸福与平安，因此民间流行绘出鸟纹以祈祷，将鸟纹织于锦缎，穿着于身上，求其庇护。自古以来，古越人就以鸟羽为饰，如侗族的芦笙衣均以白色羽毛为饰，头插白色羽毛，身穿百鸟衣裙。古越人的铜鼓纹中有大量的羽人纹，真实地记录了当时人们身着羽衣的形象和行舟划船的水上生活。在壮族、侗族织锦中，凤鸟纹有着特殊的地位，凤凰图案造型比比皆是，如壮族民间还有"十件壮锦九件凤，活似凤从锦中出"的说法。其造型简练、神态生动，并且千姿百态、优美动人，有的飞舞双翅，有的昂首直立。壮锦中的凤鸟纹更多地像水鸟样轻盈小巧，玲珑可爱（见图4-145），"黄底蓝凤壮锦"明亮的杏黄底上深蓝色的凤鸟如剪影般动态突出，桃红色的冠和三条尾羽是壮锦凤纹的显著特征。

图 4-144 苗族鹃宇鸟纹与龙纹

壮族、侗族织锦的凤纹像水鸟，有的如鹭鸶，有的如鱼凫。壮族、侗族先民靠水而居，以捕鱼为生，朱鹭、仙鹤就成为他们的图腾。侗锦中朱鹭纹的出现（见图4-146），正说明了这一点。

图 4-145 黄底蓝凤壮锦

图 4-146 侗锦中朱鹭纹

在朱鹭纹中，朱鹭长腿挺直而飞翔，长颈昂首特别精神。这些鸟有"性通风雨"、预测天气的本领。"有风雨则鸣而上山，否则鸣而下海。"壮锦凤鸟纹由人们崇敬的鸟禽演变而成，它有鹭鸟那矫健的身躯和有力的翅膀，以及美丽的冠和三条飘逸修长的尾羽。例如,"凤鸟与梅菊壮锦"(见图4-147、图4-148),梅菊纹簇拥着直立昂首的凤鸟,纹样非常简洁、优美。侗锦中的凤鸟纹(见图4-149)形体更为简洁,完全几何化成两个大小不同的正方形构成凤的身和尾,两个长方形是翅膀,其凤纹特别抽象。侗锦中的凤纹变化很多,有的用垂直线、水平线在长方形(或正方形)中构成纹路,两翅展开,头转向后,足爪突出(见图4-150)。还有的凤纹呈菱形,长嘴,也称为雄鹰纹(见图4-151)。

图 4-147 凤鸟与梅菊壮锦

图 4-148 壮锦中的凤鸟纹

图 4-149 侗锦中的凤鸟纹

图 4-150 侗锦中的凤鸟纹

图 4-151 侗锦中的凤鸟纹或雄鹰

　　彝族服饰中的飞鸟图案运用较多，以带有喜鹊和凤凰的吉祥图案为主，喜鹊和凤凰被归入吉祥图案，在此不做赘述。此外还有孔雀纹、白鹤纹、布谷鸟纹和雉鸡纹等图案纹样。目前飞鸟图案主要常见于居于元阳一带的拉武、孟武支系，常见于服饰前襟、背部的装饰图案，常与花卉或蝴蝶作对称状排列。

　　傣族人以孔雀为图腾，孔雀纹是傣锦中常用的图案。据说景洪坝子原是成千上万孔雀聚居的地方，因此，西双版纳又称为"孔雀之乡"。傣族妇女筒裙上晶莹漂亮的孔雀羽毛的纹样，已成为傣族服饰的代表和民族的象征。在傣族，人们把孔雀看成吉祥、幸福、美丽、善良的象征，傣族女子都喜爱按照孔雀的样子装扮自己，如瑞丽地区的傣族妇女喜欢梳"孔雀髻"——形似孔雀尾的发髻，挎一个用织锦做成的筒帕(挎包)，上面绣表示吉祥的孔雀图案。人们普遍善歌善舞，最为流行的舞蹈就是"孔雀舞"，人装扮成孔雀的外表、模仿孔雀的动作翩翩起舞，惟妙惟肖，非常优美。傣族女子多上身穿紧身内衣外套窄袖衫，下穿长筒裙，上面织有五彩图纹，像孔雀羽毛一样，色彩缤纷、美不胜收。傣族孔雀纹(见图4-152)将孔雀最吸引人的头部和尾部予以夸张，而简化其他部位，从而使人充分领略到孔雀的美感。

图4-152　傣族孔雀纹

　　鹊是满族的图腾，传说满族祖先曾经被叛兵追杀，一只神鹊落在他头上，使追兵疑其为枯木而放弃追捕。这样满族祖先就被鹊搭救，其后代视鹊为神，在满族服饰的刺绣中多有鹊的纹样。

　　朝鲜族崇拜白鹤，古代书生常穿鹤氅，便是模仿白鹤的服饰行为，至今朝鲜族男子婚礼服中也有白鹤图案。

被誉为"百鸟之王"的凤凰是中华民族具代表意义的图腾，它被视为吉祥如意、高贵的化身，与龙一样被视为中华民族的象征，与皇帝的龙袍相对，皇后的典型服饰为凤冠霞帔。如今，龙凤纹运用在服饰中已经不再有皇权的意味，更多的是表达吉祥如意的心愿与祝福。

（二）蝴蝶图腾崇拜

蝴蝶因其美丽轻盈，具有旺盛的生命力，被人们视为幸福美好的象征。恋花的蝴蝶常被用于寓意甜蜜的爱情和美满的婚姻，表现出人类对至善至美的追求。又因为蝴蝶与"耋"同音，故蝴蝶被作为长寿的借指。因此，蝴蝶纹样在许多少数民族服饰的刺绣、织锦、蜡染制品中比比皆是，在众多的少数民族服饰中，随处都可以找到蝴蝶的身影。

由于蝴蝶是苗族民众普遍崇拜的母祖大神。在黔东南苗族地区，蝴蝶题材是最为集中的区域，其服饰中的造型也最为丰富。《苗族古歌》中讲述了涉及苗族起源的故事：从枫树上掉下的枫叶化为蝴蝶，蝴蝶与泡沫婚配，后来生下 12 个蛋，由鹡宇鸟孵化出姜央、雷公、老虎、大象、水牛等动物以及诸神，他们是同母蝴蝶妈妈所生的兄弟，其中一个蛋孵化出人类，苗族的祖先姜央就在其内。苗人认为蝴蝶妈妈生下了苗族的祖先，因此，他们的刺绣或蜡染中都有飞舞着的蝴蝶形象，各支系刺绣、织锦、蜡染制品中，均有大量蝴蝶纹（见图 4-153）。苗族蜡染纹样中间是一朵太阳花，周围的蝴蝶纹、双鱼纹、小石榴纹围绕其间，表达了苗族人渴望繁衍子孙、壮大氏族的理想。

图 4-153 苗族蜡染中的蝴蝶纹

在剑河、施洞等地苗族女子上衣上绣有很多各种蝴蝶和人的纹样（见图 4-154）。上衣中间段绣着蝴蝶妈妈纹，旁边有一对鹡宇鸟，蝴蝶的下方还有人纹图案，似乎在讲述着苗族起源的故事。苗族姑娘衣服上的蝴蝶装饰（见图 4-155）和蝴蝶扣是蝴蝶文化的物化，以此表达对祖先的尊敬与崇拜，并寄寓着苗人繁衍并壮大族群的原始生命意识和对自然、宇宙、生命起源的理解与认识，体现了苗族人祈祷蝴蝶妈妈庇佑的心态。

图 4-154 苗族刺绣中的蝴蝶纹

图 4-155 苗族服饰上的蝴蝶装饰

苗族刺绣中蝴蝶符号随处可见，姿态各异且栩栩如生：有的将蝴蝶纹画成流畅而卷曲的线和如意云钩，表现出动人的姿态（见图 4-156）；有的则让蝴蝶与动物们欢乐地在一起（见图 4-157）；有的将大蝴蝶纹填充小蝴蝶纹以及花草纹、石榴纹（见图 4-158）等，有的将蝴蝶纹化为几何纹，对对蝴蝶相同排列；有的中间还有花鸟点缀其中，更加显得生动和谐（见图 4-159）。

图 4-156 苗族如意云钩状蝴蝶纹

图 4-157　苗族服饰上翩翩起舞的蝴蝶纹

图 4-158　苗族服饰上大蝴蝶纹

图 4-159　苗族服饰上几何化的蝴蝶纹

　　贵州清水江流域所居住的苗族服饰的两袖和围腰上的刺绣图案都是以蝴蝶为主要符号；雷山、凯里一带的苗族服饰蝴蝶符号采用拼图方式构图，从大框架上看是蝴蝶造型，细部则是其他物象纹饰；台江一带苗族服饰中，表现蝴蝶妈妈的蝶纹符号有人首蝶身、蝶翼人身。苗族节日中很多活动与蝴蝶有直接的关系，如鼓藏节就是祭祀神枫树和蝴蝶妈妈，鼓社祭是苗族最隆重、最铺张、最神圣的祭祖活动。如图 4-160 所示，苗寨头领夫人鼓藏节的盛装展现的就是蝴蝶妈妈及人类祖先姜央的故事。

图 4-160　鼓藏节苗寨头领夫人盛装上的蝴蝶妈妈纹（局部）

蝴蝶纹样在彝族服饰图案中形式丰富多彩，通常可以看到各种蝴蝶银饰、纹样装饰在帽子上（见图 4-161、图 4-162），除了抽象的几何形变化，具象的写生方式和写意的处理也常常被采用，使蝴蝶图案造型各异、异彩纷呈。

图 4-161　彝族鹦嘴帽上的錾花蝴蝶纹　　　　图 4-162　彝族鹦嘴帽上的蝶纹装饰

蝴蝶也是水族的吉祥物，蝴蝶梯田纹是水族传统的吉祥纹样；而蝶恋花则是许多民族的传统吉祥图案，如白族刺绣蝶恋花。

凤鸟蝶图腾形象在不同的民族文化中有着不同的含义，因此在不同民族服饰中的凤鸟蝶图腾形象风格迥异。凤鸟蝶图腾形象在服饰中多以图案的形式出现，通常与其他纹样同时出现，由凤鸟蝶纹演变的几何纹也较常用。在服饰中，多以凤鸟蝶造型出现，如鸡冠帽、凤冠及各种凤鸟蝶造型的银饰物等。

六、牛与盘瓠图腾崇拜

（一）农耕出现后的牛图腾崇拜

当人们从最原始的狩猎时期过渡到以种植或者畜牧为生的时期后，牛进入了人们的生活，由于牛的性情温和驯良，具有极强的耐力和吃苦精神，深受人们的喜爱。在中国南方各民族中，普遍流行着各式各样的牛崇拜，通过敬牛之俗祈求人畜平安、五谷丰登，并因此产生了大量的牛图腾神话，体现在服饰中，就有了牛与牛角型的各种饰物和图案。其主要表现在以下几个方面：

1. 以牛角形状出现的头饰

苗族以牛为图腾，《述异志》中说："俗云蚩尤人身牛蹄，四目六手……头有角。与轩辕斗，以角抵人，人不能向。今冀州有乐名角抵戏，其头戴牛角相抵……"苗人把祖先蚩尤描述为牛的形象便是认同牛图腾的表现。长期以来，苗族对牛的崇拜逐渐转化为对牛角的膜拜，并以强烈和夸张的造型表现他们对牛的崇仰之情，牛角因之成为一种典型的苗族装饰艺术符号。例如，牛角符号在苗族头饰、器物、节庆典仪和日常生活中皆有展现。很多苗族地区的姑娘头戴牛角形的头饰，或者是朴实无华的木制牛角，或者是精美华丽的银牛角，或者是牛角状的木梳，都是苗族人由于对牛图腾的崇拜而产生的模仿，其中以苗族妇女佩戴牛角形银冠在头部最为典型，这也是其祖先崇拜的一种物化表现。牛角形头饰的产生、形成与苗人的祖先蚩尤有极大关系。传说中蚩尤形象的便是头戴牛角，身披牛皮战袍，可见牛角形头饰的雏形源于对蚩尤头上角状饰物的模仿和创造。同时苗族人认为牛是天外神物，为造福人类才降至人间助民农耕，是苗族先民们的忠实伙伴和赖以生存的动物。流行于贵州雷山的苗族姑娘头饰（见图4-163），在繁密的银帽顶上伸展出一对高约二尺的银牛角，两角中间还有呈放射状条块的太阳纹。当地称这种有着太阳符号的牛角叫"银角"。银角用厚薄不一的白银打制而成，被誉为头饰之冠，是苗族妇女平时珍藏，只有在跳铜鼓舞等盛大节日活动和出嫁之时才穿戴的装饰品。银角随着姑娘的优美身姿随风飘摇，华丽、凝重中平添了几许轻盈与活泼。牛角符号是图腾文化与农耕文明相结合的产物，它不仅是一种审美符号，还包含着苗人的民族意识和民族精神。

图4-163 贵州雷山苗族头饰

布依族也有牛图腾崇拜，相传布依族祖先被外来匪霸追杀逃亡在外，当他们口干舌燥快要支持不住的时候有头水牛帮助他们找到水源，至今有些地区喂养水牛只能耕田不能宰杀。为了感谢水牛的寻水源救命之情，一些地区布依族妇女在头上包仿水牛角的"牛角帕"，以表示对水牛的永久纪念。部分地区的侗族妇女有包牛头帕或插牛角梳的习俗，这与侗族先民崇拜牛图腾有关。

水族妇女的盛装中有银牛角头饰。水族人崇拜牛，因为它是水族祖先的良伴益友。水族男子用黑红两色的布包头，前额处留布头扎出牛角形结，又称为"英雄结"。

2. 牛图案、牛角纹及牛角变形纹样

景颇族对于牛的崇拜由来已久，认为牛是财富的象征，而且有避妖驱邪的本领。景颇人常把牛头骨挂在家中，以表达驱邪之意，而且弯曲的牛角也有很强的装饰效果。例如，景颇织锦中的牛角弯纹（见图4-164）图案就是简化了的牛角的几何图形。

图 4-164　景颇族牛角弯纹

　　黎族人认为牛纹寓意平安和丰收，也象征着权力和财富。在农耕时代，牛对劳动人民的贡献非常大，因为犁田耕地、运粮驮草，无处不用牛，甚至在婚丧喜事中也要用牛。因此，牛在与人的密切生活中有了灵魂、通了人性。所以，黎族的家家户户都会珍藏象征牛的宝石，以祈祷五谷丰登。这样的宝石被称为"牛魂石"。家里有多少头牛，就要放置多少块石头，并挂上牛角，以表示对牛的崇拜。按照黎族习俗，每年的农历三月初八为牛节，这天被视为牛的节日，要举行庆典活动，人们要通宵达旦地敲锣打鼓。当然，这天不能让牛耕地，更不能宰杀牛；还要给牛喝"贺"酒，以表达人们对牛的祝福，这种酒一定要用"牛魂石"浸过才行。在黎族织锦中随处可见到牛纹图案，这些牛纹图案色彩艳丽，装饰性很强（见图 4-165）。

图 4-165　黎锦上的牛纹装饰

147

苗族对牛有特别深厚的感情，其先民曾以牛为图腾，例如《苗族古歌》中传说牛是人祖姜央的兄弟，因此不少苗绣中牛龙成为苗人亲密的伴侣。苗族龙头牛身或龙身牛头，其纹样头上均有水牛角，身体短胖或四肢粗壮。黔东南苗族流行的刺绣围裙（见图4-166）即描述了水牛龙帮助人们战胜邪恶的故事，场面恢宏，色彩明亮。白底色的缎面上有两条深红色的龙纹，一男一女骑在牛龙上。另如，苗绣中比较流行一种称为"窝妥"的纹样，传说是由水牛头上的主旋纹变形而来（见图4-167）。

图4-166　苗族围裙刺绣　　　　　　　　图4-167　苗族变形水牛纹

另外，在彝族服饰中，牛的形象被抽象化，其中最为常见的是牛角纹和牛眼纹装饰纹样（见图4-168）。

彝族服饰上的牛眼纹　　　　　　　　　　彝族牛角纹

图4-168　彝族服饰中的牛纹

3. 牛尾装饰

纳西族的摩梭人崇拜吃苦耐劳的牦牛，《新唐书·南诏传》中有关于纳西人"皆插猫牛（牦牛）尾，弛突若神"的记载。至今摩梭人仍以牦牛尾为装饰，摩梭女子将牦牛尾掺入发中，编成长而粗的辫子盘于头顶。摩梭人也有在门槛上挂牛角避邪的习俗。

(二) 盘瓠图腾崇拜

"盘瓠"也称"盘护"，即龙犬之名。《后汉书·南蛮西南夷列传》曰："昔高辛氏有犬戎之寇。帝患其侵暴，而征伐不克，乃访募天下，有能得犬戎之将吴将军头者，赐黄金千镒，邑万家，又妻以少女。时帝有畜狗，其毛五彩，名曰盘瓠。下令之后，盘瓠遂衔人头至阙下。群臣怪而视之，乃吴将军首也……帝不得已乃以女配瓠。盘瓠得女，负而走入南山……经三年，生子十二人，六男六女。盘瓠死后，因自相夫妻……其后滋蔓，号曰蛮夷。……今长沙武陵蛮是也。""武陵蛮"又称"五溪蛮"，后大部迁至今湘西、湘南、闽南一带。盘瓠从一个神话人物，成为苗、瑶、畲等族的文化祖先。这些族群的人们时至今日还会对盘瓠有着祖先崇拜情结。其中，苗瑶语系各民族的生活习俗影响较为深刻，直到现在仍然可以看出盘瓠图腾崇拜在苗族、瑶族、畲族各支系中的遗风。

苗瑶语系各族以五色犬盘瓠为图腾，故"织绩木皮，染以草实"，形成"好五色衣，制裁皆有尾形"的传统。当我们看到苗、瑶、畲等族斑斓的衣衫时，不禁想到了他们关于五色犬的神话传说及一系列历史传统。这时，五色就成为他们所信仰的灵犬的象征符号。他们把五色装饰在身上，就是为了表示图腾犬的存在，从而达到驱邪祈佑的目的。盘瓠图腾崇拜在苗族、瑶族、畲族服饰中的表现主要有以下几个方面：

1. 以盘瓠形象出现的头饰

在鄂西苗族传统服饰中盘瓠也作为图腾形象出现，苗族儿童多戴"狗头帽"或称"狗耳帽"，形如狗头，上有两耳，极似狗耳，故称"狗耳帽"。狗耳帽正前方挂着 18 个银菩萨，两旁挂着以"狮子滚绣球"为内容的银牌，其上再挂一个以麒麟为图案的银圆牌，牌下、帽尾均悬挂响铃。这显然是将小孩装扮成盘瓠图腾(神犬)模样，希望借助他的神秘力量来给孩子镇邪恶赐福寿。

柳州融水同练乡的瑶族(板瑶)女子的盛装很有特色，长发盘于头顶后用黑布包缠，再戴上人字塔形木架，冠上披瑶锦，挂串珠、银链、五彩丝穗，插银牌、纸花，彩线交织，色珠串串，极为富丽，称为"狗头冠"(见图 4-169)。瑶族女子上身穿"亮布"右衽交领衣，内穿圆领"亮布"背心，背心胸前从领口到腹部缀有数十粒圆形银牌和一枚长方形大银牌；下身穿长至膝盖的百褶裙，裙内穿黑布长裤，裙外扎七彩条纹百褶围裙。瑶族女子的常装与盛装的区别在于头巾，常装无需佩戴"狗头冠"。

2. 以盘瓠形象出现的色彩与款式

苗人自古"好五色衣"，"五色"相传是苗人模仿盘瓠的五彩毛以不同颜色的布来缝

制衣服，从而造就了苗家灿烂多彩的服饰特色。人们认
为盘瓠是"其毛五彩"的神犬，苗族以红、黑、白、黄、
蓝五色为"花衣"就是受了五色犬盘瓠的影响。

瑶族人把盘瓠作为图腾，在服饰上最多的表现就是
服装色彩上的五彩斑斓。有些地区瑶族的服饰色彩以单
调的青色或者蓝黑布制作，但也要用黄、蓝、绿、白、
红五色点缀，头饰上佩戴五色细珠。《隋书·地理志》中
说，瑶族先民"承盘瓠之后，故服章多用斑布为饰"。

《后汉书·南蛮传》中记载瑶族先民"好五色衣，制
裁有尾形"。有些地区的瑶族女子至今还穿狗尾衫，前襟
长之衣下，两端缝制"狗尾"，穿的时候两襟在胸前交
叉，系于腰后，"狗尾"自然下垂，衣服袖口上常绣织
"盘瓠"图案（见图4-170）。柳州融水花瑶发式特别讲究，
将长发分成多股盘成髻状。少女的发型突出标志是将发
梢扎成圆拱状发圈，结婚后拱形发圈消失。瑶族上身好

图 4-169　柳州融水板瑶女子
的"狗头冠"

穿"亮布"交领右衽衫，交领处缲白边，衣长前仅至脐，后至小腿中部，这种样式的上
衣称为"狗尾衫"（见图4-171）；内穿多层胸兜，长至腹部；下穿黑色百褶裙，裙摆镶彩
色花边，打黑绑腿。瑶族女子结婚后将以前戴的椭圆形帽子换为有两尖角形的帽子，象
征狗耳；有些地区的瑶族姑娘则头戴狗尾帽。如勐腊县瑶族妇女的服饰在衣襟两边钉着
两条红线，象征盘瓠在狩猎时坠崖而死、从其口中流出鲜血的情景。

图 4-170　瑶族妇女服饰上的"龙犬纹"

图 4-171　柳州融水瑶族女子挑花衣

传说盘瓠在结婚时候，公主为了同于丈夫而佩戴狗头冠。因此，有些地区畲族妇女佩戴狗头冠可以理解为是后人为了同于祖先的装扮，狗头冠由狗头、狗尾、狗身三部分组成，尽管主要结构与凤髻相同，但把此理解为盘瓠图腾对于畲族服饰的影响更容易被人所接受。

3. 盘瓠图腾与本民族其他图腾的结合

苗族的多图腾崇拜习俗使其常同时将几种图腾物结合起来崇拜，龙、狗、牛共同构成了苗族完整的图腾系统，苗族对盘瓠的崇拜十分普遍：苗族称盘瓠为龙王，对狗也不能直接称呼，许多苗人居住的地方有盘瓠庙、盘瓠洞等苗族先人祭祖的地方，至今仍有部分苗人保留着祭盘瓠的习俗，他们称这种活动为"接龙种"。由此可以看出，苗人对于牛、盘瓠和龙的崇拜是相通的，三者可以互换。在服饰中纹样和头饰中也常常会有这几种图腾同时出现。

畲族服饰中最具特色的凤凰装毫无疑问地可见图腾对于畲族的影响，但是受何种图腾的影响，一直有两种说法。一种说法认为凤凰装实际上是畲族人对祖先盘瓠敬仰崇拜的表现。传说盘瓠迎娶高辛女的时候，得到过帝后送给女儿的一套凤凰装，多年后，盘瓠的女儿出嫁时，凤凰从凤凰山为她衔来五彩斑斓的凤凰装，从此以后凤凰装就成为畲族妇女的传统装束。另外一种说法是说凤凰装是凤鸟图腾对于畲族先民的印证。不管凤凰装的来源是盘瓠图腾还是凤图腾，都可以看出凤凰装是畲族两种图腾崇拜结合的结果。

另外，拉祜族也有崇狗的习俗。民间传说拉祜纳（黑拉祜）是吃黑狗的奶长大的，拉祜西（黄拉祜）是吃黄狗的奶长大的，而拉祜普（白拉祜）是吃白狗的奶长大的。黑、黄、白又分别成为三支拉祜服饰色彩语言中的重要标志，拉祜以之祈佑，源于以狗为图腾崇拜的文化。拉祜族妇女爱穿开衩很高的黑长袍，这一切都与这个民族的狗图腾崇拜有关。

第四节 图腾的象征物为植物

图腾的象征形式除了动物以外，也有植物。在万物有灵的观念支配下，一些花草、树木被赋予了某种灵性与神力，在深井、老树之中，往往有神灵寄焉。如果从植物的品种而言，南方植物图腾多，北方植物图腾则较少。而单从树木崇拜来看，在北方游牧民族中，无论神话传说还是一些英雄史诗中都广泛存在树木崇拜观念。北方各民族的狩猎民自古栖居山林，靠山林哺育成长、发展壮大，其对树木的崇拜历史非常悠久。另外，苍松翠柏，它们四季常青，在古人眼里也十分神奇，他们既认为受树木的恩典不浅，又觉得树木神秘可亲可敬，于是他们视树木与自己有血缘关系，从而对之敬重膜拜。

　　各民族对植物图腾崇拜，大部分是进入农耕时期原始社会意识的反应。在农耕社会初期很多先民存在过对"谷灵"的崇拜。中国瑶族和布朗族也分别具有对"谷神"和"谷魂"的信仰和祭祀仪式。在许多原始社会的图腾崇拜中，普遍存在把某些树木花草视为同本族之起源有关的现象。一般说来，植物图腾多和本民族关系比较密切，关于图腾故事植物生人或者植物救人的神话，用于服饰则多以植物本身的材质来装饰自身，作为标记或者驱邪之用。

一、葫芦图腾崇拜

　　葫芦崇拜的习俗在南方各民族中流传甚广，传说在洪水泛滥时期人类是靠葫芦才得以幸存，并重新繁衍，因此葫芦被认为是逢凶化吉和繁衍后代的祥物。在侗族神话故事中，葫芦曾救过侗族始祖。因此侗族人对葫芦的崇拜表现在服饰上（见图4-172），是至今仍有腰间挂葫芦和葫芦状绣片、葫芦状荷包的习俗，如妇女盛装中有葫芦形的腰帘裙等。苗族有关于葫芦救命的传说，其服饰中的葫芦形象是对葫芦救命的感激和崇拜。

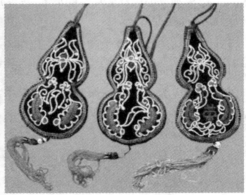

图4-172　侗族妇女葫芦纹刺绣挂件

　　拉祜族崇拜葫芦，葫芦纹、葫芦花是其服饰上常用的纹样，流传在拉祜族民间创世史诗《牡帕密帕》中述说了天神厄莎种下了葫芦，从中走出了拉祜的祖先娜笛和扎笛的故事。对葫芦的崇拜，反映了拉祜族先民对女性生育、女腹、女阴的崇拜。拉祜族人每年农历十月十五日要过"阿朋阿龙呢"，即"葫芦节"，跳葫芦舞以表达对葫芦的特殊感情。

二、竹图腾崇拜

竹是比较常见的植物,在中国分布广泛,其中长江以南是其分布的中心,这些地区的少数民族有以竹为图腾的习俗。《华阳国志·南中志》曰:"有竹王者兴于遯水,有一女浣于水滨,有三节大竹流入女子足间,推之不肯去,闻有儿声,取持归破之,得一男儿,长养有习武,遂雄夷濮。氏以竹为姓,捐所破竹于野,成竹林,今竹王三郎神是也。"傈僳族、彝族、高山族、傣族、壮族、藏族、侗族等少数民族中流传着"竹生人"或者"竹救人"的故事,尤以古代"百濮"族后裔对竹的崇拜最具特色。濮人崇拜竹,以竹为族称,自称"竹人",在濮族的支系或与濮族祖源关系的民族支系称谓中,仍存在竹的痕迹。

高山族男子在胸部或胳膊处"文竹",以祈求图腾的保护。还有侗锦中的"竹根花"的图案(见图4-173),并没有直接表现竹竿枝叶的形态特征,而是突出了竹根的盘根错节的属性,强调了竹子强盛的繁殖和生长能力,体现了侗族人朴素的自然观。

图4-173 侗锦中的"竹根花"

竹图腾对于服饰色彩的最大影响是色彩尚青。苗族中的"青苗"是以竹为图腾从而服色尚青,《黔南职方纪略》载:"青苗。贵阳……安顺……镇宁、普定……清镇……黔西皆有之。衣尚青。男子头顶竹笠,蹑履,出入必佩刀。"布依族在服饰色彩上尚青,爱好淡雅清洁,明弘志《贵州图经新志》载:"以青布一方包头,着细褶青裙,多至二十余幅,腹下系五彩挑绣方幅,如绶,仍以青衣袭之。"这也是受了竹图腾的影响。

以竹为材质进行装饰,主要体现在戴竹制头饰和以竹筒穿耳上。贵州地区的苗族妇女至今还在头顶上给髻着两块竹片，表示至高无上的崇拜。在苗族先民祭祖的仪式中，竹面具等神竹用具被巫师们发挥应用。布依族妇女戴的长帽——"更考"，是以竹笋壳和布匹制成。仫佬族崇拜竹，仫佬族妇女喜爱戴一种用竹子编的杨梅竹帽。土家族先民巴人有戴竹耳环的习俗，以此表示是竹的后裔。台湾高山族排湾人与阿美人自幼穿耳、穿竹，并渐换竹节，使耳孔变大。《台海使槎录·番俗六考》载："穿耳实以竹圈，圈渐舒则耳渐大。"《溪蛮丛笑》记载："犵猪（仡佬）妻女……以竹围五寸、长三寸，裹锡穿之两耳，名筒环。"[1]基诺族至今仍有竹管穿耳的习俗（见图4-174）。用图腾物穿耳为装饰是原始氏族的普遍现象，用以区别氏族之间的标记，或者祈求图腾的保护。

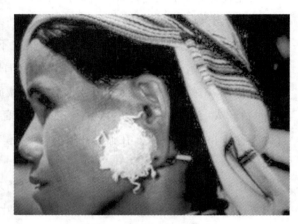

图4-174 基诺族竹筒穿耳

三、树图腾崇拜

树，在远古神话中，有时是人攀缘登天、与天对话的天梯，有时是支撑天地、不致塌陷的顶天柱。《山海经·海内经》载："有木，青叶紫茎，玄华黄实，名曰建木，百仞无枝，上有九欘，下有九枸，其实如麻，其叶如芒，大皥爰过，黄帝所为。"《淮南子·地形训》亦曰："建木在都广，众帝所自上下。日中无景，呼而无响，盖天地之中也。"即"建木"是上古先民崇拜的一种圣树。传说建木是处于天地中心的天梯，是沟通天与地、人与神的桥梁。伏羲、黄帝等众帝通过这一神圣的梯子上下往来于人间天庭。

黎平苗族女子头帕绣的枫树纹（见图4-175）及侗族绣在背带上的四棵大榕树，皆具有顶天柱的性质，是苗族、侗族现实与理想的精神支柱。侗家人崇拜榕树，在广西亚热带地区的榕树枝叶繁茂，树冠四季常绿、婆娑多姿，枝干盘根交错、粗壮有力，因此被尊为"龙树"。侗族人对榕树的崇拜常和对月亮的崇拜结合在一起，他们认为榕树是庇佑儿童的神树，原是长在月亮上的，月亮没有榕树便不会发光，因此，在侗族人织绣的背带上（见图4-176），月亮和榕树纹样常常同时出现。

---

① 转引自王平：《南方少数民族竹崇拜的起源及特征》，载《湖北民族学院学报》2001年第4期，第21~25页。

图 4-175　黎平苗族女子头帕绣的枫树

图 4-176　侗族背带上的榕树

瑶族先民认为树从地面耸起，直指天空，可寄托人类与天相接、与日相交的理想和愿望。因此，人们选择树作为生命欲求的支撑，让天地沟通，万物有了繁盛的空间。他们便赋予树与天相接的神奇功能，以满足人类与命运抗争、向上进取的要求（见图 4-177）。

维吾尔族先民的神树崇拜观念也很普遍，他们把树作为本部落的象征，并形成了"氏族树"和"树生人"的始祖观念。虞集的《高昌王世勋碑》中记载："伟吾而人，上世为其国之君长，国中有二树，合而生婴，剖其树，得五婴儿。四儿死，而第五儿独存，以为神异……而秉其国政。"维吾尔族人崇拜树木，因为树木能为人遮阳避雨。在服饰中有许多树木和植物的

图 4-177　南河口瑶族围裙上的挑绣花

图案，是古代维吾尔族人崇拜树神的反映，比较典型的如少女衣服中"艾迪莱丝"丝绸的图案纹样。

满族人崇拜柳树，传说远古洪水把天神用身上的泥做成的人都淹死了，只剩下最后一个人因为抓住柳枝而幸免于难，柳枝将他带到一个安全的石洞后化为女人，和他生下后代。因此柳枝不仅是人类的救命恩人，还是人类的祖先。满族人喜欢把柳穿戴在身上，《北平风俗类征》中说："清明，妇女儿童有带柳条者，斯时柳芽将舒卷如桑葚，谓

之柳苟。"祭祀的时候，满族人常用新鲜的柳条做成各种神偶，女萨满和众人身围柳叶，儿童头上戴柳条编的鱼形帽。

　　木棉树曾作为黎锦中纺织的主要原料，因此黎族常以木棉树作为幸福的象征。树身高大以示根深叶茂，树的根部称为"祖纹"（见图4-178）。另外还有殷红的木棉花，织于黎锦则将其几何化为八瓣花（见图4-179）。黎锦中植物纹单独存在者较少，更多的是为各种花卉纹样形成陪衬，如背带上的莲子花、裙边上的白藤果子花、竹花也是常用的花纹。

图4-178　黎锦中的树纹　　　　　　　图4-179　木棉树上的八瓣花纹（黎锦）

四、花卉图腾崇拜

　　花是美好的象征，代表着美好的事物。许多少数民族流传有各种花卉的神话故事。在少数民族刺绣、织锦中，花卉纹样同样随处可见，通常与自然万物交相辉映、和谐共荣，造就了鸟语花香、莺歌燕舞、凤鸣蝶飞的多姿多彩的美好世界。

　　彝族服饰中的花卉纹样颇为丰富。彝族是一个爱美的民族，认为生存于自然界的奇花异草都具有灵性。他们将众多的花卉种类抽象化，形成特殊图纹，大量用在服饰上。在服饰中，花卉图纹（见图4-180）引人注目，成为彝族服饰图纹的主体，使人对彝族的服装产生花团锦簇之美感。彝族花卉图纹有马缨花、蕨叶、山茶花、莲花、菊花、玫瑰花、水仙花、粉团花、桃花、洋芋花、杜鹃花、茴香花、火草花等十余种。

　　马缨花被彝族人民崇拜为花神，彝族人民认为把马缨花绣在自己服饰上是最美、最吉祥的。在滇中、滇西、滇东北等地彝族服饰上的马缨花图案最多，当地的彝族姑娘都要在头上的鸡公帽（见图4-181）上正前方绣上一朵红艳艳的马缨花，在重大的节日时

图 4-180 彝族服饰上的花纹

戴。这一习俗与崇拜马缨花的传说有
关。相传在洪水泛滥时期，世上的人大
多被水淹死了，只有躲在葫芦里的阿卜
笃慕兄妹俩活了下来，他们繁衍了人
类。后来阿卜笃慕靠在树上不见了，树
上开满了红艳艳的马缨花，从此马缨花
就被彝族人作为神祖来崇拜。彝族人用
山歌歌唱马缨花，传唱至今："万里杜
鹃花，马缨花为王，马缨花为贵，马缨

图 4-181 彝族姑娘鸡公帽

花为美，马缨花救祖先，马缨花做祖灵。马缨花人人爱，亲手绣树花，身佩马缨花，马
缨花佑人。"在此意义上，马缨花已经不是普通的植物，彝族将马缨花绣在服饰上的主要
原因，是马缨花自古就可以保护彝族人民平安度过危险。彝族人民将其绣在服饰上，以
表达他们对马缨花的美好期待和感激热爱之情。

　　马缨花除了被彝族奉为最美的吉祥物，还被视为战胜邪恶的象征。目前，在楚雄彝
族自治州一带流传着这样一个传说：很久以前，昙华山上有一位长得像鲜花一样美丽的
姑娘，名叫咪依鲁，那时候山上有一个凶残的土司，他在高山顶上盖了一座"天仙园"，
漂亮的姑娘常常被骗到那里而被任意糟蹋。咪依鲁为解救受难的乡亲姐妹，摘了一朵含
剧毒的白花插在头帕上来到了"天仙园"。她把那朵含毒的白花泡到酒里给土司喝。为
了获得土司的信任，她自己先喝了两口，这样她毒死了土司，自己也献出了年轻的生
命。她的恋人得知后，伤透了心，抱起咪依鲁走出"天仙园"，边走边哭边喊叫她的心

上人，走遍了昙华山的山山岭岭，哭干了眼泪，滴出了鲜血。鲜血把山山岭岭的马缨花染得血红血红，从此昙华山就开遍了鲜红的马缨花。人们为了怀念这位献身除恶的姑娘，每逢农历二月初八（咪依鲁的殉难日），就采来马缨花插在门头、牛角上，别在农具上，把马缨花视为驱凶避邪、吉祥幸福的象征。同时，在这一天人们还要穿上色彩鲜艳的盛装，头上插着鲜红的马缨花，带上美味佳肴，来到山顶团聚，呼亲唤友，举杯助兴，共祝吉祥幸福。

马缨花由于被赋予象征除恶避邪的功能，成为彝族服饰上最普遍的图案之一。其中以楚雄彝族服饰最具代表性，深红色的刺绣马缨花纹样缀满全套服饰，是花神崇拜的最直接表现。甚至连儿童背兜上的马缨花图案（见图4-182）也花团锦簇，美不胜收。而生活在云南石屏、峨山一带的彝女也喜欢满身绣花，其中最大、最鲜红、最显眼的花王要数马缨花，而镶绣在服饰上的马缨花（见图4-183），瓣与瓣、叶与花之间不相连，这是取"通往吉祥地的每条路都相通"之意。

图 4-182　彝族马缨花背兜（局部）

图 4-183　彝族服饰上的马缨花、大菊花、山茶花

在楚雄州实地考察中发现，昙华乡以及邻近的三台乡等地的彝族妇女满身红色绣饰，其中最多的是马缨花。如图 4-184 所示，头帕正中有一朵开得正艳的马缨花。彝族妇女身上最显著部分绣的也是马缨花，从上衣到挎包、腰带，都绣满鲜红的马缨花。连男人上衣胸口，也要绣两朵马缨花，尤在蓝色的土衣上显得格外耀眼。彝族人不仅把马缨花绣于衣服的胸前、背后，围腰，裹兜，背包等，就连穿在脚上的鞋子也绣满了美丽的马缨花。尽管后来各种图案，如龙、凤、房子、阴阳太极图等，随着历史的演变而在彝族服饰上的图案不断变化，但主体图案马缨花却一直赫然不变。

图 4-184　彝族马缨花头帕

菊花也是彝族服饰图案中常见的图案之一，多见于居住在滇中一带的彝族服饰上，特别是楚雄彝族自治州境内众多彝族支系的服饰上多见菊花图案，通常与马缨花同时出现（见图 4-185），托肩、衣襟镶黑布底花边，上面绣有马缨花、大菊花、山茶花。彝族对菊花的处理多采用写实的手法，主要运用在服饰的下摆和胸前以及挎包上。

图 4-185　彝族服饰上的山茶花

另外，彝族多居于山区，山茶花和马缨花是彝族生活中最常见的两种花卉，在彝族服饰上，这两种花和菊花也往往被同时采用来美化服饰，使彝族服饰远远看上去有花团锦簇之感。山茶花、菊花与马缨花同时使用时，马缨花往往最大、最盛，表示其在彝族心目中的重要地位，山茶花往往居于次要位置，使整个图案的构图主次分明、相得益彰（见图4-186）。

彝族服饰图案中的藤条纹是表现彝族人与自然界作斗争的生动、具体的内容（见图4-187）。彝族人民世代生活在高山密林之中，带刺或有毒的树枝藤条常常给他们的行走和生活带来困难甚至生命危险。衣服上的藤条花纹（见图4-188），通常点缀于服装的肩部（见图4-189）、袖口等处，在客观上增强了衣服的牢固程度，同时在主观上起到一种保护身体不受侵害的精神力量。他们认为到山间密林中去的人穿上这种衣服才有安全感，并能顺利穿过密林，否则再强壮的身体也要被树枝刺伤或被长藤缠倒丧命。

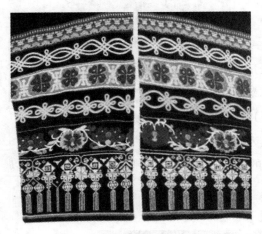

图 4-186　彝族裤脚上的图案

图 4-187　彝族服饰上的藤条纹

图 4-188　彝族服饰上的藤条纹

图 4-189　彝族鸡冠帽上的蕨草纹

蕨类植物曾在彝族祖先的生活中占有十分重要的位置，是彝族先民采集的重要食品来源。彝族人将蕨草根茎加工为食，或以全草入药救治疾病及外伤，故老人们说彝族世代代就是靠蕨草度过了饥饿与洪荒，称其为"救命草"。目前，蕨叶纹多见于凉山彝族聚居地一带，如将蕨草的形象绘于漆器、绣于儿童的帽子（见图4-190）、头巾、三角包（见图4-191）等处，以表达彝族人祈求子孙丰衣足食的淳朴感情和祈福求吉的心理，故而蕨叶纹是凉山彝族服装、漆器的主要纹饰。

图4-190 彝族三角包上的蕨草纹

石榴花在我国传统文化中有多子的寓意。在许多少数民族儿童的背兜，妇女的围腰、袖口、裤子上绣有石榴花纹样。如在羌族服饰中，妇女的围腰上、袖口上，点缀着美丽的石榴花图案（见图4-192）。在彝族的服饰图案中，石榴花图案是使用得较为广泛的一种吉祥图案，特别是在红河彝族哈尼族自治州，许多支系的彝族服饰绣有石榴花图案，常见于彝族服饰上的围腰、腰带、衣袖以及上衣背部。

图4-191 羌族服饰上的石榴纹图

图4-192 彝族服饰上的石榴纹图

清代《柳州府志》记载："壮人爱彩，凡衣裙巾被之属，莫不取五色绒以织布，为花鸟状，远观颇工巧炫丽。"如壮族儿童的背带（见图4-193），通常以菱形纹、花卉纹为骨架，以粗线条构成的各种花鸟、鱼蝶类等与大自然相关的题材为主花，并做骨架内填充，使图案在布局上严谨而富于变化，形成了既端庄肃穆又豪放爽朗的效果，并具有浓厚的装饰气息。同样，壮族三岁之前的儿童通常戴银帽，帽子的表层一般绣有花草、龙凤、麒麟、鱼、鸟、蝴蝶、缠枝花等寓意吉祥的各种纹样。

图 4-193　壮族儿童背兜上的花卉纹样

　　居住在大理白族自治州的白族，男女都崇尚白色，在他们的服饰、鞋子（见图 4-194）、儿童帽子（见图 4-195）、围腰或绣花撑腰（如图 4-196 所示，绣花撑腰为妇女背儿护腰之具）甚至飘带上，刺绣着各种花卉纹样，如缠枝花卉、牡丹、菊花等，还有各种花鸟蝴蝶点缀其中。另外如云南大理喜洲镇白族背兜（见图 4-197），以黑底绣花卉作隔成上下两段纹饰，上段为白布底彩绣红牡丹花、菊花、荷花，还有鸟纹、蝴蝶纹、人物纹样点缀其中，以滚绣蓝边勾勒如意云纹，下段五彩色布拼铜钱纹，还以铝泡为饰，表现了白族人对花的热爱和追求吉祥如意的心理。

图 4-194　白族绣花鞋　　　　　　　　　图 4-195　白族儿童绣花帽

图 4-196 白族绣花撑腰

图 4-197 白族儿童背兜

在少数民族服饰中，花卉图案多姿多彩，后受外来文化如佛教、道教等文化的影响，纹样更加多样，且充满着吉祥寓意。如，"爱花的侗妹"头上戴花头巾，足上穿花勾鞋，打花足绑，上衣更是百花吐艳，胸前青布围胸，绣的是一朵大花，四周衣边衣角、袖口前后左右均绣上油茶花、桐子花、桃花、李花等。还有侗族的盘龙纹八卦盘形刺绣背兜（见图 4-198），中间的龙纹八卦盘上，绣着这种姿态各异的花鸟虫蝶纹样，四周有美丽的花、鸟、蝴蝶等寓意吉祥的纹样装饰。独山县布依族的布贴背兜（见图4-199），中心花纹是蝶恋花，四周是飞鸟、游鱼、荷花。荷花象征洁净高雅，又因莲蓬多子，被赋予生命繁衍的含义。

图4-198　侗族盘龙纹八卦盘刺绣背兜（局部）　　　图4-199　布依族布贴背带（局部）

植物包括花草树木，对于每个民族服饰图案影响较大；不同的民族文化中对植物崇拜有着不同的含义，因此在不同民族服饰中的花草树木形象风格迥异。各类植物图腾形象在服饰中多以图案的形式出现，由花草树木演变的几何纹也较常用。花卉图腾的运用最为广泛，同时与其他图腾一起出现，包含着深刻的文化意义。

第五节　图腾崇拜物为自然物

图腾崇拜的自然对象范围十分广泛，除了动植物等多为图腾象征物外，还包括一些非动植物图腾，即自然物崇拜。自然物的崇拜，包括对天、地、日、月、星辰、雷、雪、云、虹、电、水、火、山、石等自然物的崇拜。这种崇拜实际上已经由原始自然信仰演变为对人格化和深化了的具象神灵的崇拜。

一、象征八种自然现象的"八角花"崇拜

自然物崇拜中，最为典型的是几何形"八角花"图案，又称"八方之年"图。八角花是彝族刺绣中最为壮观、最富表现力的图案，多用挑花的手法，绣在儿童背被上，或男子用的挎包、钱包、烟袋等贴身物上（见图4-200）。这类图案虽然随着时间的迁移，不知变化了多少回，但中心部位都是围绕着"八"的观念变化，即天、地、雷、风、水、火、山、泽八种自然现象。在苗、侗、布依等少数民族服饰中同样可以看到八角花纹的装饰：如布依族蜡染八角花挑花背扇（见图4-201）、凯里苗族叠绣背扇上的八角花（见图4-202）及苗族的几何形八角花（见图4-203）。

图4-200　彝族服饰上的八角花挑花

图4-201　布依族八角花挑花　　　　图4-202　苗族叠绣八角花挑花　　　　图4-203　苗族八角花挑花

二、日月崇拜

　　炎帝和黄帝是远古时期两个部落的首领，他们被认为是中华民族的祖先，如"炎黄子孙"是中华民族的自称。《白虎通·五行》曰"炎帝者，太阳也"，炎帝被称为太阳神，以两个"火"字构成的"炎"为部落名称，此"火"并非水火的"火"，而是太阳光之"火"。黄帝的"黄"古文构字从日从光，黄帝即光芒四射的"太阳之帝"。可见，华夏民族的子孙自古以来就崇拜太阳。在生产力低下的古代，人们无法解释各种天体现象，日月有着无法抵抗的神秘力量，太阳给人带来光明和温暖，而久阳不雨又会给大地带来干旱，直接影响着农业和畜牧业的兴衰。如在瑶族人看来，天因太阳而明，地因太阳而灵，人因太阳而生，天、地、人共同构筑起两座祭祀太阳的神塔，迎接太阳母亲的光临，因此在瑶族服饰中对日月的崇拜随处可见（见图4-204）。

日月被人们视为温暖和光明的象征而被诸多民族崇拜，故在服饰中留下深深的痕迹，主要表现在以下几个方面：

（一）服饰中日月崇拜的色彩象征

太阳曾是蒙古族的象征，蒙古族崇拜红色的太阳，认为红色是幸福、热烈、胜利的象征，所以蒙古族女子喜爱穿红色衣服、戴红色帽子。布里亚特蒙古人的帽子帽顶象征着火红的太阳，帽缨象征着灿烂的阳光。

哈萨克族崇拜太阳，到现在还说他们是"太阳生的人"，因此哈萨克族女子喜欢穿红色连衣裙、戴红色的帽子。

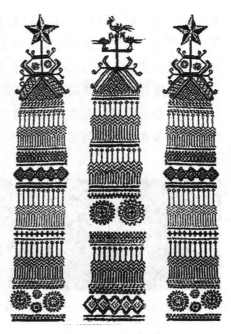

图4-204　贵州麓川青裤瑶衣挑花

古代朝鲜先民崇拜太阳，向往光明，他们认为白色是太阳光芒的色彩，进而对太阳和太阳光的颜色——白色，也有了近似乎虔诚的偏爱。故朝鲜族自古有"白衣民族"之称，在战国时期的古籍《山海经》中就被称为"白民"。在朝鲜的族源神话中多处可见"白"的意象出现，如《朴赫居世神话》中的白马献瑞、《金於智神话》中的白鸡献瑞等，其实这里的白马与白鸡显然都是作为太阳的使者，来护送太阳之子——民族的始祖降临人间。那么，作为太阳神的后裔便成为朝鲜民族鲜明的图腾象征。朝鲜族人喜爱穿白色衣服，象征着纯洁、善良、高尚、神圣。

佤族认为太阳是生命的源泉，也是雨水的吸附者，太阳体内含蕴伟大神灵梅依格的灵气，所以它能制造生命，被称为里德神。月亮则是繁星和地球的堆积者，所以叫它鲁安神。"鲁安"即堆积的意思。月亮身上也有梅依格的灵气，所以它也是佤族崇拜的大神之一。星星象征着繁衍众多生命的象征，它们是太阳与月亮的儿女。在佤族人眼里，红色象征着太阳与尊贵，黑色代表夜空，而银色则代表月亮与星星。因此佤族崇拜红色和黑色，服饰多数以黑为质，以红为饰。如佤族男子喜爱用布包头，一般人用黑、青、白色布，只有祭司、首领、英雄、德高望重的老人才能用红色布包头。佤族人装饰较为特别，以穿耳为美，在祭奠时，人们要在耳垂的洞里塞一簇象征太阳鬼慕依的红毛树叶；盛大节日时喜戴大银耳筒，宽银手镯、颈上戴有银制项圈，展现了佤族人希望自己儿孙像繁星一样多的心理。

土族妇女的"花绣衫"，土族语称为"绣苏"。它是一种绣花小领斜衫，双袖由红、橙、黄、蓝、白、绿、黑七色，或红、绿、黑、黄、白五色彩布或彩缎镶接而成。传说它是由七色彩虹幻化而成，因而被称为"七彩袖"或"五彩袖"（见图4-205）。花袖的每种色彩都有寓意，如七彩袖，土族人以黑色象征土地，红色象征太阳，橙色象征金色的光芒，黄色象征五谷，蓝色象征天空，绿色象征草原，白色则象征甘露和乳汁，这些象征物与土族这个游牧民族的生产生活息息相关，反映了土族最初的原始宗教信仰。土族人民认为宇宙间最高的神是天神，并称其为"腾格里"，世间一切都受其主宰。土族对"腾格里"的敬仰和虔诚常常表现在日常生活的各个方面，尤其是与生活最密切的服饰，五色花袖

图4-205　土族五彩花袖衫

的颜色与天地、日月等自然物等有诸多的联系，蕴含着"敬天"的含义。正如土族古老的盘歌《杨格娄》唱道："阿依姐的衣衫放宝光，天地的妙用都收藏，红、橙、蓝、白、黄、绿、黑，万物全靠它滋养。"

（二）服饰中的日月纹图腾

1. 太阳标志——"十"字纹与"卍、卐"字符装饰

在中国许多少数民族中，人们普遍观点认为"十"字纹与"卍、卐"字符是太阳的象征，源于太阳在四方的光芒和四季的运行。尤其是"卍、卐"字符象征着旋转的太阳或火焰，能抵挡一切黑暗与邪恶的势力，因此民族服饰中出现更为广泛。将太阳图腾图案装饰在民族服饰上，常用"卍、卐"字符和"十"字纹作为标志，这是图腾纹样抽象化的结果。

"卍、卐"既为符号又被视作吉祥图案，是世界上最为古老的符咒、护符或宗教文化标志，在古代埃及、波斯、希腊、印度、欧洲、西亚及阿尔泰语系民族中，普遍存在"卐、卍"图形崇拜。[1]　"卐、卍"结构如图4-206a所示，"卐、卍"是以"十"字为中心，

---

①　庄春辉：《解读"卍"（卐）字符及其不同变体的文化表征意义》，载《康定民族师范高等专科学校学报》2008年第17卷第1期，第27~32页。

分别从"十"的横竖线平行延伸，字的四端为起点，以顺时针或逆时针方向与"十"字形成"卐、卍"。庄春辉阐述了"卐"与"卍"的演变来源与图腾崇拜之间的关系，指出左旋"卍"代表着阳性；右旋"卐"代表着阴性。① 在佛教中，目前所见到的释迦牟尼佛像胸前以左旋"卍"居多，象征"佛光普照""瑞相"，即"吉祥海云相"，用作吉祥的标志，还有《大正藏》中绝大多数佛经也使用左旋"卍"表示。② 但右旋的"卐"也有为数不少的佛经使用，丁福保在《佛学大辞典》中说："万字为'卐'之形也。"③此外，唐代释慧琳在《一切经音译》中记载："卐字乃是德者之相元非字也……"④其中将万字纹明确定义为右旋"卐"。"卐、卍"字符以其特有的结构特点和变化规律延传至今，在中国少数民族服饰中使用广泛且寓意丰富，深受人们的喜爱。如"卍字曲水纹"以独立的"卐、卍"纹为单位，向四周延展扩散，形成了韵律感十足的四方连续图案，并依据少数民族服饰的结构特性将形成的连续纹样运用在服饰的底纹、边饰、袖口等部位，增强了服饰的层次感（见图4-206b）。

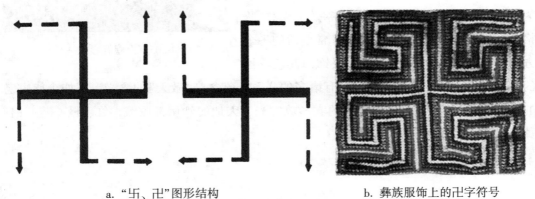

a."卐、卍"图形结构　　　　　　b.彝族服饰上的卍字符号

图4-206 "卐、卍"字符号

在彝族，太阳乃生命之源、万物之本，是众神之神。故以耕种为生的彝族人民对太阳有无限的崇拜和敬畏，他们认为太阳具有无穷的力量，能驱除一切邪恶的事物，同时还能庇护他们不受外界的伤害。如昆明西山区的彝族"太阳神节"，每逢农历冬月二十九日，彝族人民都会佩戴绣有太阳纹的服饰，到山神庙举办太阳庙会，祭祀"太阳菩

① 庄春辉：《解读"卍"（卐）字符及其不同变体的文化表征意义》，载《康定民族师范高等专科学校学报》2008年第17卷第1期，第27~32页。
② 高楠顺次郎：《大正藏：史传部》，大正一切经刊行会1928年版。
③ 丁福保：《佛学大辞典》，文物出版社1984年版。
④ （唐）释慧琳、释希麟：《一切经音译》（合订本），大通书局出版社1985年版。

萨",祈求太阳保佑自己和家族的平安、繁荣。彝族人民用"十"字纹表示太阳,其帽子和青年背心上都有醒目艳丽的"十"字纹图案。同时"卐"字符号,正象征着那永远不落的太阳。彝族称这种图纹为"挡花",常护在身体最重要的部位,认为太阳旋动的光焰能抵挡所有邪恶。彝族人民习惯在衣服或背带上饰以银或锡铸成的钉纽,像是闪亮的星斗。衣服以黑色为主是因为彝族尚黑,有以黑为美、为贵的习俗,而黑色必须搭配白色,这样才显得亮丽、明快。如图 4-207 所示,彝族新娘盖头的放射状的图形,通过彩色条布的镶嵌组合表现出神圣而炫目的色彩力量,犹如光芒四射的孕育生命的太阳。

图 4-207 彝族盖头

藏族先民崇拜日月,因为它们能够给人带来光明。藏族先民认为日为女,月为男,二者可以婚配,这其实是希望能够把日月人化的一种崇拜心理的表现。后来人们用"十"和"卐"符号来象征太阳,以旋转光焰表示太阳崇拜。太阳纹作为典型的符号语言,在苯教寺院、藏传佛教寺院、藏族服饰、祭祀仪式、婚礼庆典、藏式用具等中广泛使用。

"卐"字符,藏语称"雍仲",在梵文中意为"吉祥万德之所集"。从藏族历史文献资料看,最初"卐"符号是吐蕃人巫术思想的一种表现,通过现实自身的力量来支配和战胜自然的一种法术。"'卐'从一开始便带有巫术性质,并在吐蕃人固守古老的巫术迷信的特殊情况下得以流传。为适应新宗教的需要,亦吸收了新的思想因素,从而得到发展。但不论怎样发展,它的巫术性质,即护身驱邪、逢凶化吉、避祸防疫的护符功能没

有发生变化。"①"卐"（卍）符号期初表示的是太阳及
其光芒。据学术界考证，"左、右转的'雍仲'，是由
于观察太阳运转者的角度不同而产生的：站在地球
上观察太阳的运转，为右转；从太阳上方往下观察
太阳运转，则为左转。因此，每个'卐'从前后看都
可以是左转、或右转，左右转是统一的"。② 藏族人
民把印制"卐"符号的布条系在院子里或挂在大门顶，
坚信这样可以避邪驱鬼，将"卐"符号视为家庭幸福
平安的"保护伞"。在现实生活中，人们将"卐"字符
视为火与太阳的象征，代表"福祉""好运"和"繁
荣"，是坚固不摧、吉祥永恒的象征。因此，在藏族
服饰中运用得非常频繁（见图4-208），通常装饰于胸
前、下摆、腰、背等部位，人们认为这样可以防御
恶魔，免除天灾人祸的作用。

图4-208　藏族男装上的"卐"字纹

　　"卐"字符通过织、剪、刺绣等方式装饰于服饰
之上，其形状有左旋"卍"，也有右旋"卐"，或圆或方、或单或双，纹路清晰，变化自
然流畅，并且通过不同形式的组合，大量运用于服饰纹样中（见图4-209）。在藏族地区，

图4-209　措美县扎扎乡藏族妇女背饰"卐"字纹

---

　　①　凌立：《藏族"卍"（卐）符号的象征极其审美特征》，载《康定民族师范高等专科学校学报》
2006年第15卷第1期，第11页。
　　②　李宇红、李云峰：《汉藏文化的融合：藏族服饰艺术的发展与演变》，载《宁夏社会科学》2009
年第3期，第122页。

有些妇女在怀孕期间身上也佩带"卐"护身符，目的是让其保护腹中的胎儿健康成长。白马藏族妇女的皮背心背面上几乎都用布贴成一种交叉成"十"字的花纹，卫藏一带的老人过80大寿时家人会赠送一件后背贴绣有"卐"符号的藏袍"甲规"，包含着长命百岁、吉祥如意的祝福和藏民希望太阳光永远给他们带来幸福和光明的美好愿望。

由"卐"字符连续不断组成的纹样，藏族称为"雍仲拉曲"，即长城纹，常用于服装边饰和白色帐篷的边饰。"卐"字符还与其他图案组成"雍仲寿字""团万福"等吉祥符，用于"邦典"、卡垫和帐篷装饰(见图4-210)。

图 4-210　藏族妇女服饰上的"卐"字纹

"十"字纹，藏语称"加珞"，也是代表太阳的符号，在藏族服饰中有着更为广泛的应用。如在妇女的"邦典"和各种藏靴上(见图4-211)，"十"字纹样就被有序或无序地装饰着，显得独具一格。

在佛教教义中，"十"字纹饰有完美的意思。以"十"字纹样为装饰，其寓意可能由多种动机汇集在一起，它可能是为了求得佛祖的保佑，可能是为了避邪，也可能是受审美习惯的影响。藏族人还认为十字纹样给

图 4-211　藏靴筒的"十"字纹

人以慈善、爱抚、与人为善的联想，用它进行组合起来的连续图案，有吉祥如意、和蔼可亲的感觉。

瑶族服饰中最常见的图案就是太阳纹，瑶族先民把太阳图案绣到服装上是因为他们把太阳神作为护身符。其中最能反映瑶族太阳图腾崇拜的，是男子服饰中的"盘王印"，构图复杂，主要有三层图案，每层都有红黄绿白象征彩虹的四色绣线围绕，外层图案有12个小方格，每个小方格有四色线绣的"卐"，中层图案由鹿形纹组成，里层中央是象征太阳的"十"字，"十"字周围排列着分别用红黄绿白四色线绣的四个小"十"字纹的方格，在四个小方格间隙有八朵桂花纹，包含瑶族先民崇拜的太阳、鹿、桂花、彩虹四种图腾。广西金秀盘瑶头帕上八角的太阳花（见图4-212）将光芒射向四面八方，四面八方的太阳种子，象征无数个小太阳温暖着无数个生命，无数个生命托起永远的太阳。绣在瑶族男裤膝部的曾被人们解释为"血手印"的图符（见图4-213），其实是创世神话中顶天立地的神竿，而竿顶部的"十"字符号正是太阳的象征。神竿有箭头指向顶部的造型可释之为男性的符号。两边膝上的十支神竿—箭，射向十个太阳，向人们展示了创世史诗中的射日神话。

图 4-212　广西金秀盘瑶头帕　　　　　　图 4-213　瑶族男裤上的"血手印"

"卐"字纹在土家锦中是常用纹样，如"万字流水"，以"卐"字纹为主体纹样，表示源远流长，永不衰竭（见图4-214）。土家族织锦还将"卐"字纹作为陪衬，图4-215所示为土家族织锦中的"苗花"，把"卐"字纹分解为勾纹，成为土家锦突出的装饰特点。土家族织锦勾状纹样是"卍"字纹的分解与演变，代表了太阳与光明。土家织锦巧妙地将勾纹运用在各种纹样组合中，有单八勾、双八勾、十二勾、二十四勾、四十八勾（见图4-216），全由勾纹组成，勾状一正一反的方向变化，强烈的力量对比，增强了土家锦的装饰感。"万字八勾"（见图4-217）将"卐"字纹作中心纹样，配以八勾装饰，可以看出土家人对勾纹所赋予的更深的含义。

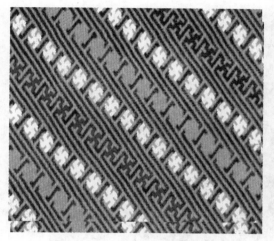

图 4-214　土家锦中的"万字流水"纹

图 4-215　土家锦中的"卐"字纹

a. 土家族织锦单八勾

b. 土家族织锦四十八勾

图 4-216　土家族织锦中的勾纹

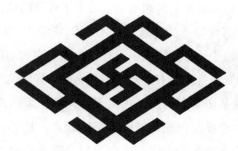

图 4-217　"万字八勾"纹

173

壮族有一种为棋格状的四方连续纹样，即以直线、虚线、云纹、雷纹、万字纹形成45°、60°或90°骨架组成棋格状，格内装饰几何化变形后的花鸟纹样。"万字梅花锦"是壮锦中的传统纹样，以"卐"字纹形成棋格状，菱形格中填充梅花、菊花纹，是几何形与自然纹样的结合，"卐"字纹有万象更新之意（见图4-218）。

 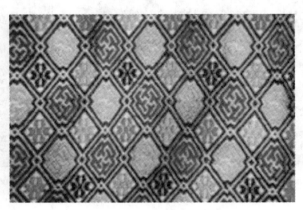

a. 壮族万字梅花锦　　　　　　　　　　b. 壮族万字菱纹锦

图4-218　壮族万字纹织锦

2. 日月纹样的身体装饰

传说远古时期，侗族的始祖曾经在洪水泛滥的时候用九个太阳晒干洪水，拯救了万物，因此侗族人对太阳心存感激，儿童外出时大人要在孩子肚脐周围用锅烟画太阳纹，祈求得到太阳神的保护。侗族还有文身习俗，人们常在胸部、肩背部和手臂上刺日月的图案。

3. 服饰中的日月装饰

彝文典籍《古侯》和《勒俄特依》均记载彝族先民与太阳和月亮做过斗争，在强大的自然力面前不可抗拒的威力导致了他们对日月的敬畏崇拜。贵州彝文典籍《献酒经》中记载了彝民祭日月的活动，在彝族服饰上的刺绣中也留下了日月的纹样。喜德地区的彝族妇女爱戴绣有太阳纹的头帕，那坡等地的彝族妇女有太阳花银饰；彝族男子穿右开襟低领上衣，左下角缝一个口袋，袖子较长，胸正中缀有一块称之为"挡花"的纹饰，图案为光芒四射的太阳；彝族中老年妇女经常戴绣有银质太阳和星辰纹样的荷叶帽（见图4-219）。

基诺族所处的亚热带基诺洛克山区，雨量十分充沛，天际常常出现彩虹。那瑰丽和谐的色彩，神奇地出现和隐没，强烈地吸引着基诺族人，日月、彩虹也就成为他们崇拜的对象。他们认为太阳给万物带来光明和希望，月亮带来凉爽和露水。在基诺族人的衣服和背包上经常可以看到太阳花和月亮花的图案。基诺族男子传统服饰上衣为无领对襟

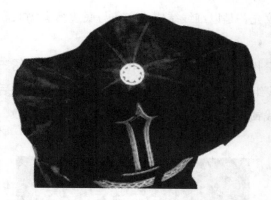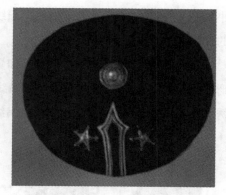

图 4-219 彝族中老年人荷叶帽

白花格小褂，背部缝缀"日月花饰"（见图 4-220），直径 10 多厘米，用红、黄、绿、白等色丝线绣在 18 厘米见方的黑布中，再缝于衣背上。基诺族妇女们仿照彩虹织成五彩缤纷的条纹布，以红、赭、灰为主调，或以蓝、绿、紫为主调，并加入黑、白等中性色彩，图案显得华美又协调。圆形图案上的彩线有的呈放射状，像太阳光芒四射，有的彩线平缓，像月光一样柔和。

侗族崇拜日月，传说远古时代，洪水泛滥，淹没了大地，侗族的始祖母"萨岁"（侗族中至高无上的女神）以九个太阳照耀大晒干了洪水，拯救了万物。侗族的母亲们由此感谢太阳带来的温暖和光明，祈求太阳神保佑自己的儿女能逢凶化吉、健康成长，因而对太阳有着特殊的感情，如带孩子外出要在孩子肚脐周围用锅烟画太阳纹，以象征太阳神，认为这样能驱邪除病。侗族人将太阳纹用于儿童背带服饰上，视其为儿童的保护神（见图 4-221）。太阳纹背兜为黑底色，中间大的太阳纹用水绿缎面绣成牡丹纹样，四周八

图 4-220 基诺族日月花饰　　　　图 4-221 侗族背带上的太阳纹

个小太阳为一冷一暖的底色，小的太阳纹光芒是以细线绣成，底角与底边绣有蝴蝶和花草的纹样。

太阳纹在侗族服装上亦有运用，如贵州黎平侗族芦笙衣，在黑色绣衣前襟上绣三个圆形的太阳纹（见图 4-222），圆内由涡线组成图案，圆外绣上光芒（见图 4-223），后背则绣七个圆形的太阳纹，中心大圆由涡线锁绣而成，六个小圆内锁绣形成"十"字纹。

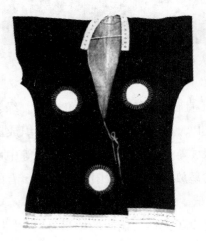

图 4-222 侗族芦笙衣上的太阳纹

图 4-223 侗族服饰上的太阳纹（放大图）

月亮纹在湖南省通道县一带的侗族中较为流行，如图 4-224 所示，在黑色面料上，以白线为基础，配有少量的红、蓝等色线，用锁绣纹出的圆形图案。每个圆形均如发光体一般光芒四射，显得整个画面如星月图，神秘、深沉，而不乏变化。这些月亮纹组成的图案也被称为"月亮花。"有的由月亮花与"卐"字纹组成，中心为月亮纹，四角是星辰纹。如湖南省道县月亮花背带，其左右两侧的太阳纹变成另一种旋转状的"卐"字纹（见图 4-225），是将月亮花、太阳纹、星辰纹与蜘蛛纹组合在一起的一种背带。侗族民间有崇拜蜘蛛的习俗，称它为"萨巴隋俄"，即"蜘蛛祖母"之意。侗族人出门若见蜘蛛，认为是吉兆。大人常将蜘蛛包在三角形布包内，戴在孩子胸前，认为这样能驱邪除恶，因此将其与日月星辰纹样组合绣在孩子背带上。

在都柳江一带的侗族地区，人们的背带一直流行将月亮纹与榕树组合在一起。传说在很久以前，世上只有很粗糙的天地，慕依神用手磨天，直到把天磨得很光滑，之后他又磨出了月亮和星星，自己则变成了太阳。那时候太阳和月亮出来，只有白天没有夜晚，人们热得受不了，太阳就把榕树放到月亮上遮住了月光，使人们感到清凉了许多，从此有了白天和夜晚之分。为了报答日月的恩情，"窝朗"（侗族传统祭司兼首领）在祭鬼时都

图 4-224 侗族儿童背带上的月亮纹

图 4-225 侗族儿童背带上的日月星辰蜘蛛纹

要穿上胸前绣有日月的祭服,表示日月永远存在心中。同时他们将榕树视为庇护孩子的神树,因此,将榕树和月亮纹同时绣在儿童背带上(见图 4-226)。侗族月亮纹背带中间的圆形为月亮纹,中心纹样(见图 4-227)采用锁绣绣成同心圆的图案,并用少许蓝线绣成同心圆花瓣状,代表月亮的光辉,象征月光如水一般;有的侗族月亮纹背带中间的月亮花上绣有龙纹,四周彩底绣花鸟鱼虫纹;有的侗族月亮纹背带上的月亮纹是浅蓝色底上绣白色花纹;有的侗族月亮花背带四角是榕树,形成铺天盖地之势,用彩色小圆球形成树冠,锁绣而成;有的侗族月亮纹背带上精致地绣上月亮纹,只以角花相配。黎平地区的侗族流行戴月亮星辰刺绣头帕,中间绣有精致的月亮花纹样(见图 4-228),四角有"十"字纹星辰纹样,"十"字纹四周用蓝色线绣成四个小小的同心圆,代表星辰的光芒(见图 4-229),如同秋高气爽时明月高悬夜空,有着宁静而恬美的意境。

图 4-226 侗族榕树花背带

图 4-227 侗族背带上的月亮花

图 4-228 侗族头帕上的月亮纹

图 4-229 黎平侗族刺绣头帕

(三)服饰中象征日月的配饰

崇拜日月的民族常将一些金属或其他材质的配饰戴在身上象征太阳和月亮，祈求得到幸福和光明。彝族腊鲁颇支系女服（见图 4-230）的坎肩领围有着由红色补花和银泡绣成的三角连续纹样（称为"太阳花"），胸前的银质饰物"火拔姆"则象征月亮。一些地区的氏族女子常会在胸前佩戴象征太阳、月亮的银牌。瑶族创世史诗《密洛陀》中说密洛陀是创世始祖，在造天空时，生下 12 个太阳，却把地上许多生物晒死，于是派 9 弟兄射落了 10 个太阳，其余两个太阳射进山里，一个白天出来，一个晚上出来，就成了今天的太阳与月亮。瑶族人民普遍认为太阳给他们带来光明，带来温暖，给万物带来生机，带来活力，能庇护着他们平安与幸福，因此，在瑶族服饰中太阳纹也随处可见（见图 4-231）。广西河池地区番瑶民间流传，月亮为世间之母，银圈是始母密洛陀升天的化身的传说，可见番瑶女子胸前佩戴的月牙银项圈是祖先崇拜的象征。番瑶女子

图 4-230 彝族服饰上的太阳花

佩戴的银项圈的圈数不同代表不同寓意（见图 4-232）。小孩一般戴 3 圈项圈，意思是家中有父母和自己共 3 丁，未婚女子挂 4 圈项圈，意味着希望能够成双成对；结了婚的女子则挂 5 圈或更多项圈，表示已经结婚，且人丁兴旺。

拉祜族崇拜日月，在拉祜族举行节日祭礼时，一些地区的祭祀会准备两顶"接年帽"，一顶代表太阳，一顶代表月亮。另外，拉祜族还用白色土布缝一个接年挎包，上用黑布缝两个圆饰，分别代表着太阳和月亮。

图 4-231　瑶族妇女太阳纹胸饰

图 4-232　河池地区番瑶项圈

三、水火崇拜

火是重要的自然崇拜对象之一，早在原始社会时期先民们就已经会使用火了，火能使人温暖，供人烹煮食物；火给人们带来了光明和温暖，但同时也给人们带来了灾难，于是人们对火敬畏交加。火的神秘莫测在他们的信仰意识中被神灵化后，便产生了对火的崇拜，如火把节是由古代火崇拜发展而成的民族节日。人们把火视为光明、幸福和吉祥的象征，视其为能驱邪镇恶的神奇力量。

如果说原始人从火出现便有了对火的崇拜思想的话，那么人们对于水的崇拜同样源于原始社会。原始人最早大多傍水而居，水对于生活必不可少，但同时也带给人类毁灭性的灾难，因此对水的依赖和恐惧，导致了人们对水的膜拜。傣族等民族的泼水节即起源于原始的祈求风调雨顺，到了近现代则主要有祝福和消灾除病的意义。

彝族是一个崇拜火的民族，特别是在高山彝区，人们对火的依赖性很强，他们认为火也是一种可以驱散黑暗中的一切鬼邪、给人带来吉祥和平安的神，于是产生了崇火的思想，把一切都视为火作用的结果。彝族人认为，如果出生在火把下，长大在火塘边，死后火葬，人的灵魂就会升天。彝族人世世代代与火相伴，与火有着天然的联系和深厚的感情，并通过祭火活动表示对火的崇拜。很多地方如云南巍山、永仁、沪西县的彝族人非常崇拜火，尤其是凉山彝民视火塘为火神，严禁人畜触踏或跨越。农历六月二十四日是彝族古老的祭火节，俗称"火把节"，目的是祈求丰收、扑灭虫害。

（一）水火纹样装饰

火焰纹在服饰中的处理多为对称的涡纹和起伏的火焰状，排列整齐，装饰性强，给人以热烈奔放的感觉。火的纹样在彝族服饰中比比皆是，滇南的石屏、峨山等地的彝族尼苏支系女装的肩峰、袖口、后摆等处刺绣有大量的红色火焰纹。彝族女子从头至足都用火纹装饰，银饰中的头饰和项圈也用火镰纹和火焰纹装饰（见图4-233、图4-234），其构成基本形是涡纹和勾状纹，经过不同的形式组合，产生了丰富多变的效果。火的元素，在彝族服饰图案中，所装饰的部位最多且最显眼。例如，布拖地区彝族女子头帕上的火焰纹银饰（见图4-235）；绿春地区彝族女子的衣袖、肩处也镶补着似如滚动的火球纹样，与龙凤纹、寿字纹同在（见图4-236）。崇火敬火的审美文化艺术思想和自然崇拜的思想在彝族服饰上得到了淋漓尽致的体现。

图4-233　彝族服饰中的火焰纹

图4-234　彝族妇女腰带上的火焰纹

图4-235　火镰纹头饰

图 4-236　绿春地区彝族女子衣袖肩处的火焰纹

　　另外，白族妇女的鞋上也有刺绣的火焰纹样；蒙古族服饰中的火纹也是对火图腾崇拜的反映；藏族服饰中运用较多的"卐"字纹被认为是太阳与火的象征，常与日、月、火纹样连用。

　　卷涡纹是我们在大江、大河中常见到的一种流水活动现象的抽象表现，它由很强烈的水纹流动线条组成。卷涡纹常用于表示水流活动，以显示大自然的美，具有较强的观赏性和美学价值。5000 多年前的古羌、戎人发现了卷涡纹并大量绘制在生活中常用的彩色陶罐、陶盆面上，作为美的艺术品来欣赏，成为中国考古学上"马家窑文化"的主要标志之一。目前，卷涡纹在彝族服饰上广为流传，特别是大凉山彝族聚居地最为常见。

　　在苗族服饰的刺绣、蜡染装饰中，螺纹（水波纹）是很凸显的重点纹样，它由远古时期对水的崇拜衍生而来。苗族服饰中尚有与海域相关的贝壳装饰，它们与苗族古代生活于水域有密切的关系。黔东南清水江中游剑河县公俄一带典型的苗族儿童背带绣件，其全部由螺纹构成，纹样用黑布剪出来，贴在红布底上（见图 4-237）。侗族人、壮族人崇拜水井，表现在服饰中的就有水波纹、旋涡纹和水井纹。如"井纹壮锦"即是清代壮族著名的贡品。侗锦中还有大井纹，其背带以井纹套井纹形成双层井纹。壮、侗两个民族靠水而居，生存依源于水，崇水爱井，并将井纹移入织锦刺绣之中。

图 4-237　剑河县苗族螺纹

（二）红色的火崇拜和蓝绿色的水崇拜

　　红色是熊熊烈火的色彩，崇拜火的民族认为红色是幸福、热烈、胜利的象征，如蒙古族女子喜爱穿红色衣服、戴红色帽子。赫哲族人崇拜火，在服饰上偏重于红色。云南石屏县花腰彝族人的服饰与他们对太阳崇拜的神话有很深的关联。在彝族创世神话史诗

《柏妥梅尼——苏颇》中记载：太阳女神拉梅和达梅用绿红二色洗镀太阳后，太阳才有了火焰，给人们带来了生命与火种。人们崇拜太阳神，在服饰中，从头到脚都可以窥见花腰彝族人民对太阳与火的崇拜遗迹。如：花腰彝族服饰用了非常多的红色，服装刺绣耀眼繁杂，以领口上的齿牙形太阳圆圈纹为中心，从肩峰、袖口到下摆，都以变形的火焰纹样装饰，尤其是头上的帽子，后面有一整块红布，沿边绣有火焰的花纹，左右各有一个圆圈形的图案，犹如火焰，又好似太阳的光芒。坎肩背部织满了各种花纹图案，描绘着阳光普照下，万物生机的繁荣景象。

水族人崇拜水，水族居住的地方有"无江不居，无河不聚"之说，因此崇尚青、蓝、白、黑色。远近闻名的"水家布"就是青、蓝、绿色，其在服饰色彩上，就是水族无论男女老幼，均以青色、蓝色为主。水族民歌《好看的，是青是蓝》中唱道："最香的，是油是盐；好吃的，是米是饭；好穿的，是布是棉；好看的，是青是蓝。"《青蓝布，我俩爱穿》中唱道："蓝靛青，收来沉沉；蓝靛蓝，把布来染；蓝靛青，染布更蓝；青蓝布，我俩爱穿。"这些民歌反映了水族人对于青、蓝色服饰的喜爱和认同。另外，赫哲族人崇拜水，在服饰上也偏重于青、蓝色。

四、云崇拜

云崇拜起源于人类对自然界的某些现象的模仿：由于生产力低下，原始先民对自然界十分依赖。在采集与耕作中，人们认识到云、雷和雨的联系，以及这种联系对人类以至万物的生存意义与普遍影响。人们认识到云多就有可能下雨，甚至会打雷、闪电，因此处于蒙昧时期的人类自然而然地就对云产生了强烈的敬畏之心。《论衡·乱龙》曰："神灵之气，云雨之类。"中国古时求雨祈年的活动就充分体现了这种观点。云肩最初是北方游牧民族喜欢的服饰样式。它作为独立于主体服装之外的肩、颈部服饰，以内圆外"云"的造型，很好地贴合了人体的这一部位。尤其是"四合如意"的云肩形式，不仅具有端庄而又浪漫的装饰美感，而且还是符合人体廓形的一种结构。

此外，还有一种是云鞋（靴），虽然同以"云鞋"称呼，但是云纹在鞋上的装饰位置和形式是丰富多变的。有的是云纹装饰在鞋的帮部、底部，表示"平步青云"之意；有的就像是记载的那样，鞋尖部位装饰有双内旋的哈木尔云纹造型；还有一种羌族的鞋，称为"云云鞋"（见图 4-238），它的鞋尖上挑，侧看呈云勾的造型，因此得名。除

图 4-238　羌族的"云云鞋"

了美观之外，"云云鞋"鞋尖上翘的造型还能避免行路、劳作时把泥污沾染在鞋面上。这种"云云鞋"鞋尖的造型，很像现在的蒙古靴。革靴配长袍是长久以来北方游牧民族独具个性的搭配。蒙古靴的造型还兼有骑马时易于钩住马镫、坠马时易于脱脚的功用。蒙古靴除了鞋尖呈现出云勾的造型，在其表面装饰上，也多见云纹的身影（见图4-239）。

图 4-239　蒙古靴造型与靴上的云纹

　　在近现代的蒙古族服装中，云纹的装饰随处可见，它已成为蒙古袍的标志性图案之一，被固定保留下来。在蒙古族的服饰上，从头到脚、从上到下，几乎都装饰着云纹。所有的云纹图案布局，不外乎三种形式：一种是自由的单独纹样装饰，一种是云肩似的环绕方式，还有一种就是角隅纹样。蒙古族无论男女身上都喜欢佩戴饰物，因为游牧生活，男子从上到下要佩戴生活与打猎用的所有工具。这些工具日渐装饰华美，也成为他们的配饰和财富。这些工具从上到下，有蒙古刀、牙签、火镰、碗袋（装银碗用）、鼻烟壶、眼镜盒、烟袋、烟荷包、烟灰缸、鞭子、图海（腰胯间的饰物）、弓箭等。其中，最能代表个人身份与品位的，当属蒙古刀。蒙古刀是一种做工极为精细的蒙古族佩刀，皮质部分两头装饰錾花八宝纹和珍禽纹、金鸟纹、龙纹，底纹为满铺瑞云纹。如蒙古族錾花刀（见图4-240）是草原人随身佩戴的工具，更是男子汉的象征。不佩戴蒙古刀的男人，妇女们会

图 4-240　蒙古族錾花刀

瞧不起。蒙古银匠最拿手的就是做蒙古刀。蒙古刀刀刃锋利，柄用牛角、牛骨或红木做成，最为华丽的是刀鞘，用金、银、铜做成，上面装饰着华丽的图案。云纹无论是作为主体纹样还是作为辅助纹样，蒙古刀中都少不了它的身影。

蒙古族以多为美，妇女的头饰也极为复杂。最有代表的是鄂尔多斯地区的新娘头饰（见图 4-241）。而其中最为有趣的是套在姑娘两条鞭子上的"练垂"，其实就是辫套，但是其制作工艺十分复杂，从内到外用木衬、绸缎、金银、宝石一层层包裹，具体的材质也很讲究。除此之外，女子头上的发箍、后屏（头戴后面遮挡脖颈和肩膀的部分）、护耳、垂饰、马鬃（戴在发箍前面覆盖额头的位置）、耳坠、项链、针插、手镯、戒指，大大小小、从上到下，一律精工细作，镶金嵌银。

图 4-241　蒙古族妇女头饰上云纹（局部）

许多同属阿尔泰语系的民族曾受到蒙古族文化的影响，如满族、鄂温克族、鄂伦春族、达斡尔族、赫哲族等。但是在具体的文化语境下，每个民族对相同纹样的称呼却是不同的。如林中狩猎的鄂伦春族人，他们在礼服开衩处同样装饰有云纹的图案，在当地民间的剪纸中也常见类似图案。当众多学者认为这是云纹的时候，他们却亲切地称其为"山丹丹花"（见图 4-242），认为其是吉祥幸福的象征。在大兴安岭的林区，那里的桦树

图 4-242　鄂伦春族桦树皮器物上的图案

挺拔俊秀，桦树皮柔韧易塑，居住在那里的鄂伦春、鄂温克、达斡尔等民族就地取材，很早就学会用桦树皮制作工具和工艺品。同样的"山丹丹花"图案还广泛出现在鄂伦春、鄂温克等民族用桦树皮制作的各式生活用具上。

可见，自然物图腾对于每个民族服饰色彩的影响较大。不同的民族文化中自然物图腾各有差异，且有着不同的含义，因此在不同民族服饰中的自然物图腾形象风格迥异。在少数民族服饰中，自然物图腾在服饰中经常与其他图腾一起出现，包含着深刻的文化意义。自然物图腾形象在服饰中多以图案的形式出现，抽象的几何纹也较常用。

第五章　吉祥图案——民族服饰中的精神体现

吉祥图案是寓意"吉事有祥"的装饰图纹，是美好的象征，是原始先民图腾文化的一种延续，是人类追求幸福生活、祈吉避邪的一种传统观念。在民族服饰文化中，各民族多以吉祥图案为主题，概括反映人们的社会生活、风俗习惯、宗教信仰等本质特征及吉祥观念，反映出本民族服饰所表达的精神文化内涵。关于吉祥崇尚表现形式，人们通常采取象征、寓意、比拟、谐音、文字等方式来表达祈福、祈寿、祈禄、祈平安等吉祥的意义。

通过少数民族丰富多彩的服饰图案，不仅能感受到由巫术、图腾崇拜而产生的吉祥观念，还能感受到汉族文化与少数民族文化的相互交融及宗教——道教、佛教思想的影响，其中以道教思想影响最为深远。卿希泰先生在《中国道教的产生、发展和演变》中指出："道教的思想和方术，其渊源来自古代的原始宗教和民间巫术、神仙思想和神仙方术、谶纬神学、黄老思想等。"①道教以阴阳分天下，以八卦化生万物，体现着先民的世界观和宇宙观，在其形成过程中包含我国古代的原始崇拜、巫术、方术、五行、黄老之道等复杂的来源，在其发展的过程中又不断地吸收结合了大量的中国民间的历史传说和儒家的先贤圣人乃至佛教的菩萨天尊等。它的许多教义是由各民族民间传说故事发展而来的，因此与民众的生活非常贴切，有许多"吉祥图案"是在道家追求吉祥如意、长生久视、羽衣登仙思想的直接指导下产生的。正因为如此，少数民族服饰中涉及的图案，举凡具有一定历史渊源的均与道教有着千丝万缕的联系；同样，道教符号以不同形式在民族服饰文化中渗透，它们大多具有祈福纳祥的美好寓意，是中国少数民族服饰中的常见纹样。

第一节　象征吉祥观念的图腾图案

民族服饰图案是少数民族文化中颇具特色、颇有生命力的部分，与宗教信仰、原始

---

① 卿希泰：《中国道教的产生、发展和演变》，见《文史知识》编辑部编：《儒佛道与传统文化》，中华书局1996年版，第279页。

崇拜等吉祥观念密切相关。因此，民族服饰上的各种纹样，在服饰中起着传情达意的作用，所传递的信息不仅包含极为丰富的寓意，也折射出该民族的图腾崇拜与信仰。

一、具有图腾崇拜遗迹的图案

吉凶祸福是人类最早形成的价值观念。在生产力低下的人类童年时期，生存和繁衍被视为头等大事。面对神秘莫测的大自然，人们祈望借助凶猛的动物来增添自身力量，如祈望借助鱼类、蛙类的繁殖能力，以使子孙得以绵延。先民将这些动物作为氏族的标记、徽章，蕴含着意味深长的吉祥观念。当图腾崇拜物脱离神圣信仰范畴以后，其信仰即演化成为崇拜，图腾崇拜物便成为一个民族共有的吉祥物。这种具有原始的图腾崇拜遗痕的吉祥观念图案在服饰文化中随处可见（见第四章）。

二、具有萨满教观念的图案

由于萨满教是建立在"万物有灵论"（泛灵论）的基础上，所有一切对所谓自然未知之力的崇拜形式（如自然崇拜、祖先崇拜和图腾崇拜等），都可与萨满文化相联系。如萨满服饰上所绘的植物花卉神、动物神、自然神（如星、云、雷等）等，能够增强祭祀动作的表现力。萨满神衣上的图案具有一定的象征意义，通常认为龙、鸟、鹰能助萨满升到空中；虎、豹能把萨满送到森林；鱼能使萨满跨过海洋河流；蜥蜴能让萨满穿越沼泽，还能给萨满以速度；蛇能给萨满以力量；蛙可以给萨满带来成功。这些图案符号能增添萨满的法力，它们都是萨满得力的助手。它们能帮助萨满到宇宙中的任何一个地方，在必要时，萨满会成为某个动物神灵。

在萨满教的宇宙观念中，宇宙分上、中、下三界，由一棵宇宙树（又叫萨满树）贯通着，萨满通过宇宙树来取得与外界的联系。因此在萨满的祭祀中，经常会立宇宙树来祭天，如鄂伦春族春祭大典中所立的迎请神灵的神架，满族的祭祖祭天大典中所立的"索罗竿"，都是萨满教早期立宇宙树的演化，萨满神帽的造型设计更是宇宙树观念的直接体现。因此，"宇宙树"或"萨满树"在萨满教中占有很重要的地位。萨满树原来只运用在萨满的神服上，随着萨满教的世俗化发展，它也逐渐在东北的民族服饰设计中出现，成为民族服饰的装饰题材之一。

萨满树由树根、树干、树冠三部分组成，象征着萨满教观念中的上中下三界（见图5-1）。"与下界（地下世界、水下世界）相应的是树根、爬行类动物、鱼类；与中界（地球）相应的一部分是树干、山、陆上动物；与上界（天空）相应的是树冠、鸟、太阳和月亮，是连接宇宙三界的天柱和天梯。"[1]

图 5-1　萨满树的造型

在民族服饰当中，萨满树图案更多地体现了一种装饰与审美的意味，造型有对称与不对称两种，树枝变成卷曲状，被简化为三对或四对不等，树叶有时也设计成曲线花朵形状。在萨满树的造型中，树根至关重要，它是萨满树生命力的象征，因此树根的造型变化丰富(见图 5-2)。有的呈环状相连，有的用波浪曲线来表现，甚至有的树根用蛇的形态来表现。

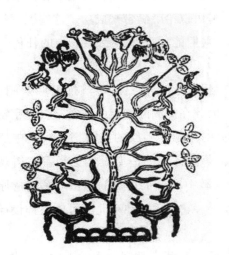

图 5-2　萨满树的树根造型

---

① 王纪、王纯信：《萨满绘画研究》，时代文艺出版社 2003 年版，第 149 页。

在赫哲族人的萨满观念中，萨满树还与妇女的生育能力有关，涉及氏族的繁衍问题。"每个氏族都有自己的单独树木，属于该氏族人的灵魂有关，就在这棵树枝中间栖息和繁衍。尚未出世的灵魂呈'乔卡鸟'模样，它们落到地上以后，附到本氏族的妇女体内，于是这个女人便开始怀孕。"①因此萨满树图案，多见于赫哲族人的结婚长袍中(见图5-3)。赫哲族长袍中的萨满树多采用刺绣手法，多为平绣与包绣相结合，各色花线交替搭配，体现了萨满内容与刺绣制作的完美统一(见图5-4)。另外，萨满树图案的变形装饰在日常服饰中也随处可见(见图5-5)。

图 5-3　赫哲人妇女的结婚礼服上的萨满树图案

图 5-4　赫哲族妇女结婚服饰中的萨满树图案

① 王纪、王纯信：《萨满绘画研究》，时代文艺出版社 2003 年版，第 242 页。

女帽护耳图案　　　　　　　　　　　　手套上的图案

图 5-5　赫哲族服饰上的萨满树图案

　　除了萨满树图案，螺旋纹的图案也多在民族服饰中出现（见图 5-6、图 5-7、图 5-8）。螺旋纹由数个单线回旋成圆形的螺旋状，有序地组合成一组，其纹样源于萨满教中对蛇、对水的崇拜。螺旋纹原来也是萨满服饰上的专有图案，现在也成了民族服饰中的一种设计语言。对此民间有不同的说法：有的认为是太阳纹，象征太阳；有的认为是牛角纹，象征水牛头上的角，表示对祖先的崇拜；也有认为是天上的云朵，象征着吉祥的云彩；还有认为是能治百病象征的蕨菜纹等。在东北地区民族服饰中多有螺旋纹的图案，其中螺旋纹在赫哲族中应用得最广泛，无论是领口、袖口以及衣物的边角处、帽饰、鞋子、靴子等地方，常用螺旋纹图案做装饰。

波浪卷形纹　　　　　　　　　保佑平安纹　　　　　　　　　部落向心纹

图 5-6　赫哲族服饰中的各种螺旋纹①

---

①　王纪、王纯信：《萨满绘画研究》，时代文艺出版社 2003 年版，第 150 页。

 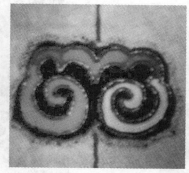 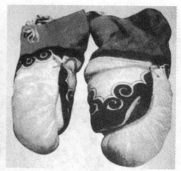

图 5-7　鄂伦春族服饰中各种螺旋纹

图 5-8　鄂伦春族服饰上的螺旋纹开衩装饰

螺旋纹造型也变化多样，通常由螺旋纹样反复组合变化而成，如各种变形的云、鸟、鱼、蛇以及抽象的人面神灵面具等形状。另外，在许多服饰配件上也多见螺旋纹的运用。

在萨满神话中，鸟类的传说是一个重要的组成部分。萨满会将鸟的形象绘制在头饰上，这些形象多以鹰为主，而鹰头的数量，则代表其神力、神权的等级。鹰是萨满神圣家族中独具特色的圣鸟，也是北方狩猎民和游牧民英武吉祥的象征。如萨满为了祈求光明与幸福，就会在鼓面上绘制鹰的形象；在满族萨满的神帽上绘制鸟的形象，象征萨满翱翔九天。鸟信仰便是将鸟类视为拥有灵性的图腾，并顶礼膜拜。对于某些鸟类的崇拜心理，使得人们在服饰材料选择上自然会采用一些羽毛作为材料，以期能够获得保佑，或希望吉祥，或表达崇敬。萨满最初多采用羽毛作为服饰材料或进行人鸟化的装饰，以表达对先祖鸟图腾崇拜的追忆和延续，这是一种同祖的认同。在我国许多少数民族中，都可以看到鸟图腾崇拜的遗迹。福建、广东等地区的畲族民众中流传的凤凰服饰就是典型的一例，因为鸟衣显然来源于鸟图腾的崇拜。又如花腰彝族人民通过自己灵巧的双手，把自然界中的生灵刺绣在服饰之中（见图5-9）。这种被花腰人称为"小鸟魂"的刺绣，不仅在背衫、围腰等饰物中经常使用，还在头饰上频繁出现。

图 5-9　彝族围腰对鸟图案

图 5-10　龙凤虎纹绣

现藏于湖北荆州博物馆的西汉古尸陪葬丝织物中，楚绣中以凤为代表的鸟图腾的服饰图案清晰可见（见图5-10）：龙凤虎纹绣寓意取自"楚人喜凤"，体现了楚国女性的聪明才智，亦体现出楚国对凤鸟的尊敬与崇拜。

三、具有"崇拜物同化"观念的吉祥图案

自南北朝以后，佛教在中国的传播得到了统治者的支持。随着佛教的普遍影响，其教义也被更多人接受，佛教故事中提到的西方极乐世界也成为更多人向往的美好境地。这个极乐世界地由金、银、琉璃、珊瑚、琥珀、翡翠、玛瑙等宝物铺成，光彩夺目，瑰丽无比；这里鸟语花香，景色宜人。在这里人们可以用意念来满足自己的需要：你想灌足，七宝莲池里的水就会淹没你的脚背；你想淋浴，七宝莲池的水就会顺从你的意愿为你灌身；你想穿衣打扮，不用你举手抬脚缀饰着缨珞宝珠的华美服饰就会自动为你穿上；你想吃东西，七宝钵就会立即出现在你的眼前，为你带来各种美食。此外，佛教造像的大部分形象让人觉得珠光宝气，耀眼夺目。佛经中有"圆满服饰十三事"之说，佛冠、肩披、飘带、腰带、裙子、头饰、耳环、项链、臂环、缨珞、手镯、指环、足镯、绫罗五衣、珠宝八饰缺一不可。我们在藏戏中还能看到如来佛的服饰即"圆满服饰十三事"。这种佛教的圆满服饰"十三事"，在唐代的藏族上层人士的服饰中得到反映。据布达拉宫和大昭寺保存的唐代松赞干布塑像来看，这位吐蕃国君戴的帽子，便是僧帽，衣

着与印度的佛像所穿的衣服十分相似，坐姿也与佛教的禅安姿态类似；文成公主塑像也禅坐入定，头戴宝冠，胸佩缨珞；衣裙的纹饰既有吐蕃服饰的特点，又兼有唐代菩萨衣的特点。不仅如此，活佛、大喇嘛的某些宗教服饰装扮，在宗法允许的情况下，有时也在各层人民大众中广为流行。

藏族佩饰是形成藏族服饰特色不可缺少的部分，这些佩饰除了满足藏族人民审美需要外，还有向往吉祥、驱魔避邪的功用。其中一个重要特征就是种类多、佩戴部位多，完全可以用"从头到脚，浑身披挂"来形容（见图5-11）。在众多的配饰中，吉祥图案同样无处不在，有些服装配饰明显受佛教的影响，其主要有以下几种：

图 5-11　藏族妇女服装上的装饰品

（一）转经筒

转经筒又称"嘛呢筒""转经轮"，有如意珍宝的意思。藏族人认为，持诵六字真言越多，表示对佛菩萨越虔诚，且可获得佛祖的保佑，消灾避邪、脱离轮回之苦。转经是最好的修德方式，因此人们把经卷装于转经筒内，每转动经筒一周就等于诵读经文一遍。在藏族地区到处都有转经筒，其中手摇经转筒为藏民随身携带之物，有金、银、铜等不同材质。这种拿在手中的转经筒主体呈圆柱形，中间有轴以便转动，圆筒中间则装着经咒。转经筒一般制作精美（见图5-12），圆筒上除刻有藏传佛教的六字真言外，还刻着经文和一些鸟兽图案。有些转经筒

图 5-12　手摇转经筒

上还镶以珊瑚、宝石等，更提升了其价值，成为一种独特的藏饰（见图 5-13）。

图 5-13　手拿转经筒的洛扎县藏族妇女

(二) 念珠

念珠由 108 颗珠子串联起来，或戴于脖子上，或挽在手腕上。念珠材质并不相同，有菩提珠、檀木珠、象牙珠、琥珀珠、绿松石珠、红珊瑚珠等（见图 5-14），藏民随身佩戴，念经计数。有些带有香味的佛珠更能衬托出藏民虔诚和安详的神情，成为藏族特有的宗教饰物。

象牙念珠　　　　　　　　　菩提籽念珠　　　　　　　　红珊瑚念珠

图 5-14　各种念佛珠

(三) 天珠

西藏天珠产于平均海拔 4000 米以上高寒的喜马拉雅山脉，材质为玛瑙。天珠质地细密，硬度高，纹理具有规律性，不同的纹理形态被称为不同的"眼"。传说这种天珠是"天降下的宝石"，藏民们相信佩戴它可得到神的庇佑，所以又被称为藏密七宝之一，是佛教圣物。藏民视其为上天赐予的吉祥宝物，和生命一样重要，因而穿成各种珠链随身佩戴（见图5-15），并世代相传。

图5-15　藏族服饰上的天珠

（四）八吉祥

在藏传佛教中，八吉祥也称吉祥八宝、八瑞相、藏八仙，藏语称"扎西达杰"，是藏族的传统吉祥图案，由轮、螺、伞、幢、花、瓶、鱼、结八种物组成。吉祥八宝多出现在壁画、金银铜雕、木雕刻用品当中，在藏族佛教寺院建筑、民居建筑、帐篷、器皿、法器、餐具、哈达、服饰中随处可见。其在服饰上最常见的是轮、螺、花、瓶、鱼、吉祥结，且各自有不同的深刻含义。

1. 轮

指的是法轮，也称八辐金轮（见图5-16），形状如同圆形的车轮。古印度的轮是一种兵器，后来被佛教用作象征佛法永生、传播四海的法器。法轮一般有八根辐条，象征释迦牟尼佛一生的八件重要事迹。

2. 螺

按佛经说，释迦牟尼佛说法时声震四方，如海螺声一样，所以用海螺象征佛法妙音吉祥声震四方。在西藏，右旋白海螺最受尊崇，其表面光洁莹

图5-16　八辐金轮

润、细腻光滑，有的也雕刻图案、花纹（见图5-17）。

3. 花

指莲花，莲花出淤泥而不染，纯洁清净。佛教中以白莲花"出五浊世，无所污染"，最为纯洁高贵。莲花也是佛教的重要象征，用莲花喻指佛法，如袈裟又称莲花衣，佛、菩萨以莲花为座。藏传佛教认为莲花象征修成正果。

4. 瓶

在藏传佛教中，瓶又称本巴瓶，长颈长口。瓶内装净水，象征甘露；瓶口插孔雀翎或生有如意树，象征着吉祥清净和财运。

图5-17 藏族法会上用的白螺

5. 鱼

鱼在水中能自由自在地生长，畅通无阻，所以佛教用它象征自在、解脱，喻指超越世间，得到解脱的修行者。在藏传佛教中，八吉祥中的鱼为双鱼形，一雌一雄（见图5-18）。

图5-18 八吉祥中的鱼纹

（摘自：《藏传佛教象征符号与器物图解》）

6. 吉祥结

吉祥八宝中的结是"卍"的变化体，组成盘曲的图案，又称盘长纹（见图5-19），没有开头和结尾，俗称"万字不断头"，象征佛法回环贯彻，求无障碍。

图 5-19 系有哈达的两种吉祥结

（摘自：《藏传佛教象征符号与器物图解》）

　　吉祥八宝纹可以说是藏族佛教思想的统一体现，大量运用于崇尚佛教文化的藏饰中。如：藏族妇女喜欢用这些饰品装扮自己，使自己更妩媚动人。但从原初说起，这些饰物首先是一种对佛的虔诚，特别是有的饰品——"嘎乌"就是一种小型的挂在身上的佛龛，内装有小佛像或活佛喇嘛的神物作为护身，后越做越精巧（见图 5-20）。作为禳灾祈福、驱邪镇魔的护身符，嘎乌一般用金、银或白铜打制。藏族男子佩戴的嘎乌，外形似佛龛，上面浮雕有吉祥八瑞等图案；女子佩戴的嘎乌呈圆形或椭圆形，上面为山水、串枝莲等图案。护身符内装有佛像、经咒、舍利、金刚结等。男子佩戴的嘎乌带极为讲究（见图 5-21），一般用锦缎或红丝绒缝制，镶嵌银链、银花，并在银链、银花上缀上绿松石和玛瑙，斜挂于左腋与左臀之间。女子则用项链或丝绸带套在颈上悬挂于胸前。随着佛教在中国的兴盛，这种对于极乐世界中美好、华丽、奢侈生活的向往充盈于人们的理想中，逐渐成为人们吉祥观念中的组成部分。

　　再如吉祥结即盘长纹（见图 5-22），是佛教"吉祥八宝"图案之一，图案本身盘曲连

图 5-20 藏族嘎乌上的八吉祥纹装饰

图 5-21　藏族男子服饰上的装饰品　　　　图 5-22　藏族妇女服饰上的盘长纹

接，象征绵延不绝，寓意幸福绵长。"十""卐"字纹是藏族服饰中的常用图案纹饰，很少有对现实图景的模仿或再现，多为抽象的几何图形。这种抽象化，有一个明显的特点，即圆中有方，曲中有直。封闭重于连续，圆点弧形胜于直角方块。这也从一方面表现了藏族宗教的"圆通""圆觉"。理性精神能使人感到稳定、坚实、简洁、柔韧而刚健，显现出一种神秘的威力和美感。这种抽象化表现在藏族服饰中，最常见的就是"十""卐"字纹样及其变形纹样(见图 5-23、图 5-24)。

图 5-23　藏族妇女服饰上的"十"字纹图　　　图 5-24　藏族妇女背饰上的"卐"字纹变形

今天，我国南方许多佛像胸部仍绘有
"卐"字符号，佛教以右旋为吉祥。在民间
"卐"应用极为广泛，在民族服饰上左旋(卍)
与右旋(卐)两种形式通用，被认为是太阳与
火的象征(见第四章第五节)，它在今天的藏
文化中常与日、月、火等纹样连用。"十"与
"卐"意义大体相同，是山南地区藏族服饰氆
氇图案中的主体纹样。其纹样常常点缀于藏
族的袍边、裙子、靴子等处。"十"与"卐"都
包含着慈善，爱抚，与人为善等吉祥之意，
因此这些图案纹样在藏族服饰上广泛采用并
且沿用至今。另外，藏族人民还爱用它作为
配饰(见图5-25)。

图 5-25　藏族男子服饰中的"卐"字纹配饰

此外，达斡尔族历史上在信仰萨满教的
同时还信奉佛教，受佛教文化的影响，"卐"符纹和"八吉祥"纹样在达斡尔族头饰、发
簪、帽饰、手套等饰品及袍服、马甲、上装、裙装、婚礼服中随处可见。

(五) 如意

如意是吉祥之意，既是赏玩的器物，又是象征吉祥的藏传佛教的佛具。如意作为吉
祥物源远流长，不仅以实物的形制出现，同时还以心形、灵芝形、卷云形为表示吉祥如
意的纹样，与其他物象组合成吉祥图案，同样在藏族服饰随处可见(见图5-26)。

图 5-26　藏族妇女围裙上的如意纹

吉祥图案是民族服饰的重要组成部分，透过这些吉祥观念的图腾图案，不仅可以看到原始宗教图腾崇拜观念的遗迹，还可以感受到道教、佛教对少数民族服饰的影响。吉祥图案，不是简单地模拟自然物象的外形，而是以舍形取意的方式，传达一定的社会文化信息和人的审美情感。因此，它既具有审美功能，又标志着某种信仰，表达了人们对美好生活的向往和追求。如藏族服饰在漫长佛教文化历史的熏陶下，无论从内涵还是形式上都带有神秘的佛教色彩，这就是藏族服饰的独特之处，也是其神奇之源。"崇拜物同化"观念的吉祥图案除了装饰于服装外，同时还以不同的工艺手法用于不同饰品上，如将佛像、佛塔等神圣之物缩小或将不同天然石材与藏银等做成装饰品。在藏族丰富的饰品中，我们随处可以看到用藏银打造的精美的吉祥图案与绿松石、珊瑚和玛瑙等的完美结合，这让我们感受到藏族人民崇尚吉祥幸福的美好意愿。

第二节　象征长生不老的吉祥图案

长生不老是道教的第一要旨，它是历代帝王的追求，也符合广大人民对生活的渴望，因此有关长寿的图案成为吉祥图案的一个重要部分。人们不仅在现实生活领域千方百计地寻求、实践长生之道，还苦心孤诣地在信仰、礼仪中创造、应用长生之术，从而形成了独特的长寿文化。但凡自然界中具有较长生命力的事物都能作为人们发挥想象力的材料。如灵芝是长生仙草，如意头形似灵芝，寓意长寿又象征吉祥；菊花因为具"养性上药，能轻身延年"之效用，被认为具有长寿的含义。在土家族女子结婚所常穿的长裙刺绣图案中，寿桃与菊花寓意长寿、花瓶寓意平平安安、牡丹寓意富贵，寄托了土家人对美好生活的向往(见图5-27)。

图 5-27　土家族女子婚礼裙局部刺绣

人们把象征长生不老的吉祥图案与其他音韵相同的花草、物象以及文字等相搭配，组成种种内涵丰富的"吉祥语"图案，以点缀生活，求得幸福长寿。如："万寿"(万字)"贺寿"(仙鹤)"八仙祝寿"(竹子、暗八仙——人们把八仙所持物件葫芦、扇子、玉板、荷花、宝剑、箫管、花篮、渔鼓称"暗八仙")、"寿寿平安"(花瓶、桃花、鹌鹑)、"岁岁有寿"(麦穗或谷穗)、"子孙庆寿"(葫芦、磬)、"福寿齐天"（佛手、荸荠、天竺）。

　　还有些事物因为本身寿命的绵长而被应用，如龟、鹤、松、柏、梅、竹乃至泰山、石头等；有的事物因为传说或现实中可以带给人长寿而被应用，如桃子、灵芝、枸杞等被视为有长寿的寓意。

　　另外，还通过转借名称的谐音、谐意来表达吉祥寓意，如"蝙蝠"与"福"、"鹿"与"禄"、"象"与"祥"、"灵芝"与"灵"、"喜鹊"与"喜"、"藕"与"偶"、"荷花"与"和"、"鱼"与"余"、"瓶"与"平安"等，人们利用这些具有吉祥含义的事物的单独图案，所搭配组合而成的具有祈求长寿意味的图案不胜枚举（见图5-28、图5-29、图5-30）。

图 5-28　蒙古族帽子上的多福多寿图

图 5-29　苗族蝙蝠纹银项圈

图 5-30　喜鹊戏牡丹（苗族）

　　在民间，福、禄、寿、喜、财被人们称为"五福"。"五福"虽然具体指五种幸福，但更常常被用来概括人生幸福。"福""寿"作为汉族民间吉祥观念的常见元素，其纹样在少数民族装饰中同样受到青睐，常用于服饰和帐篷、家用器具等重要部位的装饰，或织或染或贴或绣于服饰上。例如藏族"团寿纹"（见图5-31），意为无病而终；"长寿字"，意为长寿、延年。福、寿字图案艺术形象变化丰富，常与卷草纹、雍仲纹及蝙蝠和仙桃图案组合而成，寓意生命长久无限，表达了藏民族注重现实、追求生命的强烈愿望。

图 5-31　藏族服饰上的团寿纹

第三节　象征驱鬼避邪的吉祥图案

　　人们在利用吉祥物祈求平安的同时，还创造了很多镇邪的吉祥物以寄托攘灾的心愿，希望通过避邪压胜的攘灾方式，来达到躲避灾难的目的。《山海经》上说，上古的时候，度朔山上有神荼、郁垒兄弟二人，主阅领万鬼、恶害之鬼，用苇索拴住喂虎。于是后世形成了门上饰桃人、垂苇索、画虎像避邪驱祟的习俗。虎在很多民族服饰中是避邪的标志，尤其是在孩子的衣服、鞋子、饰品中，起着避免邪恶侵害的作用。

　　民间把蝎子、蟒蛇、壁虎（一说为蜘蛛）、蜈蚣、蟾蜍称为五毒。蝎子，五毒之一，作为吉祥形象，主要用于避邪，以毒攻毒。在西藏尤其是江孜一带，时常可以看到有人在衣背上绣上蝎子之类的图形（见图 5-32），多数是因为在本命年或身体不适时避邪消灾。在藏族人的心目中蝎子是守护神，所以不管他们的厨房或门旁都会看到蝎子的形象。茱萸是中国传统的驱邪避灾的吉祥图

图 5-32　藏族妇女背后蝎子纹样

案。在吉祥图案中，常常会有茱萸叶的纹样，汉代锦缎中就有"茱萸锦"，刺绣中有"茱萸绣"，均象征避邪。另外，依传说附会，一些事物也具有了驱邪降福的功能。如桃木能驱邪避祟，猴子能避瘟疫，灵芝能起死回生，钟馗能捉鬼，八仙能逢凶化吉，寿星能保人长寿，菩萨能降福等。

除了自然物以外，还有很多人造物也被作为驱邪避凶的吉祥物。如古代兵器——剑在中国文化中象征正气，既能去除不平之事，也能斩妖伏魔。故道士使法时，即手持一把斩妖剑，八仙之一的吕洞宾也以斩妖剑为标志，所以剑也是一种吉祥物（护身符）。铜钱作为象征财富的吉祥物，用红线穿起来佩戴在胸前或在服饰上绣有铜钱纹样以象征去除病魔，还在民间被视为护身符。图

图 5-33　武定县妇女所戴的八卦帽（彝族）

5-33 中的帽子流行于武定，为彝族中老年妇女所戴，绣有铜钱、龙、凤、八卦等图案。另如作为象征避邪、益寿之吉祥物的菖蒲，其吉祥寓意的托付，也是与其使用价值是相关的。趋吉避凶是早在原始社会就存在的意识，成为道教方术中重要的组成部分。通常道士作法是为了驱赶鬼怪、斩妖除魔，因此各种道教图符也都是驱鬼避鬼的工具。例如道教的太极八卦，寓意深刻而丰富，经常在各种服饰中出现（见图 5-34）。

古人常用太极八卦作为消灾的吉祥图案，进而作为驱凶避祟、趋利向善的象征符，因而在少数民族服饰中也随处可见（见图 5-35）。

图 5-34　侗族八卦盘型龙纹背箖

图 5-35　藏族服饰上的太极如意纹

佛教思想对我国哲学、文学艺术、民间风俗都有一定的影响，我们至今从藏族、傣

族、土家族、裕固族等民族服饰中，还可以看到佛教对民族服饰的深远影响。如：苗族、土家族儿童普遍戴一种菩萨帽（见图5-36），又叫"罗汉帽"。帽上从左至右，钉有18罗汉，围成半圈，中间还缀着一尊大菩萨，据说是驱邪避凶的吉祥物。

图 5-36　苗族儿童菩萨帽

第四节　象征富贵吉祥的吉祥图案

富，指财富丰饶；贵，指地位尊贵，具高官显爵之意。由于权势地位与金钱往往是共生的，贵则富、富则贵，因此常常有象征富贵组合的图案广泛流传。在以前由于权力是富贵的前提，仕途是获得财富最主要的途径，要想发财致富，最好的办法就是加入官僚的行列，因而人们多希望能加官晋爵，以达富贵的目的，由此出现了许多用以帮助人们实现飞黄腾达心愿的吉祥形象。象征官级最典型、历史最悠久的图案应属产生于商周时期的十二章纹样（见图5-37）。帝王服饰绘十二章，贵族依官级降低而减少，分别为九章、七章、五章、三章。于是构成十二章的日、月、星辰、山、龙、华虫、藻、火、粉米、宗彝、黼、黻就成为最早代表富贵吉祥的图案了。在封建社会，龙和凤又象征着皇帝和皇后，皇帝坐龙椅、穿龙袍，皇后戴凤冠，常用的器物都有龙凤图案。如今龙凤图案在人们心目中代表着富贵吉祥的象征，在少数民族服饰中，龙凤图案也是随处可见（见第四章第三节）。

（1）牡丹，"被称为"富贵花""花中之王"（见图5-38、5-39）。它雍容华贵，富丽堂皇，性情高傲，有花中之魁之

图 5-37　十二章纹样

誉，象征着富贵与吉祥。把牡丹与凤凰放在一起（见图 5-40），构成凤穿牡丹凤戏、凤戏牡丹的图案，更增添了凤鸟的吉祥优美景象，象征着光明与幸福。在少数民族服饰中，常配以其他物象组成内涵丰富的"富贵"系列吉祥图案（如："富贵和平"（牡丹、荷花、瓶子）、"富贵绵长"（荷花、盘长）、"富贵有余"（荷花、金鱼）、"富贵姻缘"（荷花、桂圆）、"富贵白头"（荷花、白头翁）、"荣华富贵"（荷花、芙蓉花）、"富贵吉祥"（荷花、八吉祥）、"富贵福寿如意在眼前"（荷花、蝙蝠、寿桃、如意、古钱）、"富贵像海水一样源远流长"（荷花、水浪、盘长）等。

图 5-38　团花纹样（蒙古族）　　　图 5-39　妇女围腰上的凤戏牡丹纹（苗族）

凤穿牡丹纹（苗族）　　　　　　　凤戏牡丹纹（苗族）

图 5-40　凤与戏牡丹

（2）鹿通常也是服饰中表达吉祥寓意的常见元素，除了代表长寿并经常与寿星图案用在一起外，还因为其音与"禄"通相近而象征着富裕。一幅绘有百头鹿的进项纹样常常象征"百禄"；鹿与"富""寿"用在一起通常代表"富禄寿"。如梅花鹿与蝙蝠、寿桃和

"喜"字，寓意"福禄寿喜"。另如阳雀，吉祥阳雀源于土家族西兰卡普的传说；阴雀纹是土家族织锦中常用的一种吉祥纹样，象征着春天的到来，寄托了土家人对美好生活的追求和向往(见图5-41、图5-42)。

图5-41 骑鹿童子(云肩局部)

图5-42 阳雀纹(土家族)

第五节 象征多子多孙的吉祥图案

儿孙满堂、世代绵延、香火不断，这是大多中国古人的人生理想。在中国自古就有"多子多福""不孝有三，无后为大"等俗语，对于晚辈来讲，多子多嗣就是孝顺；而对于长辈来说，儿孙满堂则是人生最大的福分。在中国，从东到西、从南到北，人们常将才智发挥到极致，巧妙地运用象征的手法，或采取谐音，或利用事物的类似，赋予形形色色的物品以祝福早生贵子的迫切心情和象征世代相传、万事不已的美好崇高愿望。

象征多子多福的图案有很多，例如麒麟——传说中的神兽，象征吉祥和瑞。民间普遍认为，求拜麒麟可以生育得子，图5-43就展现了麒麟送子的故事：童子手持莲花、如意，骑在麒麟上；麒麟与玉书、如意组成图案则称麒麟祥瑞或麒麟如意(见图5-44)。石榴(见图5-45)、福寿三多、连生贵子等图案也经常应用于服饰。通常多子与多寿是相同的概念，或者说是共同愿望下的两种表现形式。这种共同愿望就是来源于种的繁衍、生命不息的根源性思想。如图5-46所示，侗族背带上的佛手、石榴、喜鹊、花鸟图案，寓意喜鹊报喜，多子多福：佛手的"佛"意味着神佛，又与"福"谐音，有幸福的寓意。民间相传佛的手能握财宝，有财宝表示有福，所以佛手成为祈福纳吉的吉祥物；石榴是多子的果实，象征着多子多孙，人丁兴旺；鹊在民间称为报喜鸟，即喜鹊，喜鹊报喜，兆示着吉祥，表达了人们对美好生活的向往和追求，桃代表多寿，传说王母娘娘有蟠桃，吃了可以长生不老，中国民间常以桃来祝寿。因此，在少数民族服饰中，常将石榴、桃、佛手三种果实组成图案，寓意"福寿三多"，"三多"指多福、多寿、多子。

图 5-43 银饰上的麒麟送子图（苗族）

图 5-44 背心上的麒麟纹样（瑶族）

图 5-45 土族服饰上的石榴纹

图 5-46 侗族背带上的佛手纹、石榴纹、喜鹊纹

在中国，人与天地之间的感应是以崇拜为表现手段的，而生殖崇拜是所有崇拜的根本，是作为无意识层中的基本推动力而存在的。"乐生"是生殖崇拜的根本基调。生，有生育、生命、活下去多种含义。在老庄之道中，生就是长生不老，而生命的延续自然也是长生的另一种形式。

莲花，也称荷花，象征洁净高雅。又因莲蓬多子，被寓意为生命繁衍。

"莲"与"连"谐音，因而服饰中配以其他物象组成"连生贵子""一品清廉""年年有余"等吉祥图案。如图5-47、图5-48、图5-49所示，在少数民族服饰中，莲花装饰常作为吉祥和爱情的信物。

图5-47　白族蜡染荷花纹与鸟纹

图5-48　彝族妇女背后腰带上的荷花纹和鱼饰

　　鱼，在我国众多的少数民族中，除部分信仰伊斯兰教的民族服饰中没有鱼的形象外，其他多多少少有鱼纹的出现。鱼和人类的关系十分密切，因其多子，被视为生育繁衍的象征，像满、苗、侗、瑶、彝、土等族的民族服饰中鱼纹是应用最频繁的图案之一。苗族的蜡染、刺绣纹样中常出现鱼纹，如鱼吐三点液状、人骑鱼、鱼头向下钻莲花（见图5-50）、鱼尾绕花旋转等。苗族深化中游有"祭鱼"的仪式，至今，贵州省台江、剑河、雷山一带的苗族过鼓节时，祭品仍以鱼

图5-49　荷花如意纹（苗族）

为贵。侗族也以鱼为祖先神，鼓楼中的太极图就是两鱼相交的画面。白族妇女的鱼尾帽无疑也是古代渔猎先民期盼丰收的遗风所现。吉祥图案还有"鲤鱼撒子""金玉（鱼）满堂"。"鱼"与"余"谐音，与其他物象组合，寓意"连（莲）年有余（鱼）"，如服饰中常有"鱼戏莲""鲤鱼跳龙门"（喻示为"望子成龙"）等图案（见图5-51）。在这些少数民族中，对鱼纹的理解无外乎是上面提到的生殖崇拜、祈求丰收、加官晋爵等含义（见图5-52）。

图 5-50　鱼戏莲图案(土族)　　　　　　图 5-51　鱼纹衣袖　(苗族)

图 5-52　鱼戏莲背带图案(苗族)

　　另外，银泡在民俗信仰中，象征着烁烁闪亮的星星和月亮。而天上满天的星星象征多子，月亮是主生育的女神。云南地区的彝族(见图 5-53)、哈尼族(见图 5-54)、傣族、景颇族、拉祜等民族以代表星月的银泡装饰衣物，便是祈求人丁兴旺、世代昌盛的一种表现。

图 5-53　彝族妇女围裙上的银泡装饰　　　图 5-54　哈尼族女子帽子上的银泡装饰

　　民族服饰中的吉祥图案，是吉祥观念的载体，也是民族服饰的重要组成部分，除了具有实用功能外，还可以显示财富和美丽。更重要的是，它以形象化的创造性语言，记录了民族的社会意识形态和民族情感世界的演变。它不是简单地模拟自然物象的外形，而是以舍形取意的方式，传达一定的社会文化信息和人的审美情感。吉祥图案既具有审美功能，又能表达某种信仰的含义，还能体现民族价值。从吉祥图案的产生、发展和广泛运用，可以看出人们对美好生活的向往与追求。中华民族传统文化心态崇尚吉祥、喜庆、圆满、幸福和稳定，这一理念反映在民族服饰图案上，就表现为追求饱满、丰厚、完整、乐观向上、生生不息的情感意愿；而图案造型也展现出深厚的历史文化、丰富的民族文化和独特的审美文化。

第六章 色彩象征——民族服饰中的精神传达

色彩是构成服饰图案的重要组成部分，是服饰图案语言符号的一种，也是表达抽象思维方式或思想观念的途径，很多图案脱离了色彩就无法表达其代表的内涵。服装色彩能直接影响人的心情，反映人的精神面貌。从原始社会起，人类就懂得使用色彩来表达某种象征意义，且各个民族都拥有自己象征性的色彩语言。象征性的色彩是各民族在不同历史、不同地域、不同文化背景、不同观念下的产物。因此，民族服饰色彩所表达的是某一民族在特定历史时期的精神意志、心理特征，潜在地反映出古老的经验和文化积淀。不同的民族在色彩认识上有很大的差异，但向往美好生活是各民族的共同愿望，反映出中国的民族象征既有个性又有共性。也正因为如此，民族服饰色彩在民族服饰文化中才具有重要的意义，我们通过民族服饰的色彩去解读民族服饰文化的精神也就很有必要。

第一节　民族服饰色彩中的"图腾同化"观念

一、民族服饰色彩中的图腾崇拜观念

民族服饰色彩象征的意义是约定俗成的，其色彩象征与该民族的图腾崇拜有关。为了获得图腾的护佑，原始人类往往通过各种手段，如改变自己的外形和生活环境，力求与图腾物发生某种联系，这表明原始人类存在着"图腾同化"的心理。当"图腾同化"的过程进行到以图腾物的色彩担负起图腾护佑的功能和意义时，色彩的象征意义也就约定了。如彝族是一个具有悠久发展史的少数民族，世事变迁如桑田沧海，聪明的彝族人民，为了永久地记录下先民们在历史上的战争，就用服饰上不同的颜色表示不同的含义：蓝色表示圣洁的族源地，黑色表示渡过的江河，绿色表示攀越的高山，白色表示灾难，紫色表示部落的融合。正如弗雷泽所说：图腾部族的成员，为使其自身受到图腾的保护，就有同化自己于图腾的习惯……或取切痕、黥纹、涂色的方法，描写图腾于身体

之上。以服饰色彩作为图腾符号在少数民族中是非常常见的(参见第四章第一节)。①

二、民族服饰色彩中的萨满教观念

在社会发展的过程中，许多民族形成了独特的宗教形态，如纳西族信仰的东巴教和北方诸民族信仰的萨满教等，在第三章中我们对典型的巫师服饰与观念进行了解读。在这些宗教观念中，萨满观念对民族服饰色彩的影响尤为显著。如在萨满教观念中，世界是二元的，善与恶、美与丑、吉与凶通常都可以用两种对立的色彩来象征，这两种色彩就是白与黑。萨满教认为："神居住在天上，白色是天的象征，代表着善；而地狱是黑色的，引申为恶。"②因此白色是东北民族服饰的常见颜色，而黑色极其少见，一方面是受萨满观念的影响，另一方面是由于生产生活方式决定的，东北的冬季漫长而寒冷，与雪相同的白色渐渐成为其习惯的颜色，特别是在冬季，身着白装，同皑皑白雪浑然一体，射猎时不易被野兽发现，能更多地射取猎物，故视白色为安全色、吉祥色。另外，萨满神帽上经常缀挂红、黄、蓝三色飘带，象征着彩虹，因此这三种颜色也是东北少数民族服饰的惯用色。

黑色是西南地区大多数民族所喜好的颜色，表现在服饰上以黑色为主色调。彝族以黑色为贵。至今，彝族服饰全身多为黑色，女子服饰以黑、蓝、青为底色，上面绣花镶边，女帽也以黑布为底，上绣花或饰以银饰。彝族毕摩法衣也是黑、青蓝布长衫，头上所戴为竹胎黑毡面的毕摩帽。壮族妇女一般穿黑色右开襟的滚边衣裤，头戴黑、蓝布包头，广西与云南交界地区的壮族妇女穿黑色褶裙者居多，而广西南部壮族妇女常穿一种无领、右衽的黑色上衣，头包方块形黑帕，下身穿黑色宽脚裤子。傈僳族的服饰以黑、蓝色为基调，男子以黑蓝布包头，妇女衣饰以黑蓝为底色，绣上各色花纹、花边，姑娘出嫁时腰系一条羊毛织成的黑底红纹带子。哈尼族人们认为青黑色是护佑的颜色，可以使他们免受鬼的纠缠，故在服饰的色彩上，青年男子多裹黑布或白布包头，老人戴黑色瓜皮帽，穿黑色或蓝色对襟上衣和裤子。哈尼族人们还认为白、红、黄三色都是神的象征，所以将这三种颜色装饰在服装的帽顶、袖口、腰部和腿部这四个部位，从而引起神灵的注意，同时使鬼怪回避。西南各民族中以青黑色为服饰主色调的民族还有阿昌、德昂、基诺、门巴、普米、景颇、布依、拉祜、布朗、水、侗等民族，这些民族服饰的尚黑原因大致相同，均与祖先崇拜有关。

---

① 转引自王勇等：《中国世界图腾文化》，时事出版社 2007 年版，第 53 页。
② 郑剑：《试析民族服饰色彩与宗教文化》，载《西北第二民族学院学报》2005 年第 1 期，第 44~47 页。

祖先崇拜这种原始宗教形式也可归于萨满信仰的一种形式。例如，彝族尚黑，其说法是认为人死后有三魂，一魂守坟地，一魂守家，一魂装入祖灵筒存放于险峻的崖洞中。送祖灵筒的是三名"骑黑马、披黑衣，荷黑弓，降白黑云中"的黑色之神，穿着黑衣，以求庇护。还有一种说法是鬼神多居于黑暗处，人则居于光明中，穿着黑衣以混淆人鬼，避鬼神之害。这两种说法中的"三魂说"恰恰是萨满教的灵魂论中对于灵魂的认识。虽然各族服饰尚黑的说法多种多样，但回归到对祖先的追述这一点是共同的，也可以说是与萨满文化紧密相连的。

白色是与黑色形成强烈反差的颜色，也深受各少数民族的喜爱。滇西普米族妇女喜穿白褶长筒裙，背披一张洁白的羊皮，有的妇女爱着白色大襟短衣；男子则爱穿白衣，披白羊皮坎肩，裹白绑腿等。藏族服饰虽各地有所差异，但均以白色为基调，贴肉穿的一层是白色。白族服饰中的白色基调最明显，无论男女都喜欢穿白色上衣，披白羊皮；姑娘的头饰是用一条红头绳缠绕着发辫盘在额顶，侧面则飘着雪白的缨穗。纳西族姑娘爱穿白色裙，妇女则穿黑裙，腰系白腰带，已婚女子身后披张白羊皮。羌族衣饰也喜爱白色，青年小伙则穿着绣有白云的鞋；其巫师"释比"身着白色布衣或白色麻布衣，外穿羊皮褂，有的还穿白裙，巫师头上的帽子缀有九颗白色贝壳，皮鼓也用白羊皮制成。

各族对于白色服饰的偏好原因不尽相同，但归根结底都和萨满文化有着联系。例如，藏族尚白一说是对传说中著名英雄格萨尔王的纪念。据说格萨尔王是头戴雪白盔、身着白盔甲、手执白钢刀、左肩到右耳根还有一指多长白痣的英雄。另外，这种白色崇拜又受到拜物教思想的影响。藏族先民也和人类幼儿时期的其他民族一样，形成了原始的拜物思想：崇奉天地、山林、水泽的神鬼精灵和自然物。随着社会的演进，这种思想中对富含白色的自然景物、自然现象的敬畏，逐渐凝结为对白色的崇拜，并以白色作为神的形象。这种思想意识的延伸，即演化为藏族人以白色来象征和代表正义、善良、高尚、纯洁、祥和、喜庆，这样较为稳固、普遍的文化观念。

各少数民族对其他颜色的选择也颇受萨满文化影响。以红色为例，彝族认为红色具有驱妖避邪的作用，孩子和老人生病时，常在脖子上、手上套上红线圈，以避鬼神；娶妻嫁女时，常用红布条系在酒壶、手镯、笛子上，原因也是驱凶鬼、求吉利。北方诸民族萨满巫师的衣服多为紫红色，这和北方诸族对火的崇拜有关。在这些民族的萨满信仰中普遍认为，火是幸福和财富的赐予者，并且有镇压一切邪恶的功能。在藏族申扎地区妇女古老的背饰（见图 6-1）中，可以看到萨满教的痕迹。迄今为止，信奉萨满教的蒙古族所穿袍服多是以红色为主，而蒙古族姑娘常爱在头上扎一条红色或金黄色绸带，婚礼中的新娘所穿的蒙古袍多为粉红色，甚至面纱和盖头都是红色，这反映出萨满文化对火崇拜心理的积淀。

图 6-1 申扎妇女古老的背饰

在各少数民族中，同一颜色在不同的民族中解释说法不同，但在众多的说法中却透露出一个信息：萨满文化中的各种崇拜意象的影响。色彩往往成为原始宗教观念的物化形式，其中渗透着对自然神灵的幻想，并以其诡秘、神奇的艺术魅力向世人传递着大量信息，等待人们不断去感悟和破译。

第二节　民族服饰色彩中的五行色观念

纵观中国民族服饰史，服饰色彩作为一种文化符号，阴阳五行说一直支配着其中的色彩应用。中国应用色彩的历史很古老，据《尚书·黄樱》记载："以五彩章施于五色，作服。"说明在新石器时代晚期先民们就已经用染过色的织物做衣服了。在商代形成的阴阳观，是中国古代哲学观念的基础，这种朴素的世界观虽然只是中国古代哲学的初期阶段，却对艺术发展起了相当大的作用。在色彩应用方面出现了与阴阳观相适应的"五行色"色彩体系。五行色是指青、红、皂（黑）、白、黄五种颜色。五行在《尚书》中的解释为："五行一曰水、二曰火、三曰木、四曰金、五曰土。"五行与五色相配置的顺序为：青属木、赤（红）属火、黄属土、白属金、黑属水。这五种颜色被称为"正色"，其中黄色最为尊贵，象征着中央；青色象征东方；红色象征南方；白色象征西方；皂（黑）色象征北方。五色也象征四季，青（绿）为春、赤（红）为夏、白为秋、黑为冬。此外，阴阳五行说还将青、红、黄、白、黑分别对应五种情感，所谓"五情"：其中红色为阳色，代表喜悦的情感；白色为阴色，代表哀伤的情感，所以至今红白喜事在民间仍为风行的习俗。总之，运用阴阳观所确立的五色体系构成了中国色彩文化的主体部分，从秦汉时期就开始支配服饰颜色的应用制度。

一、道教神灵系统中五行色的应用

五行色彩应用于道教神灵系统中，具有深刻的宗教含义。道教尊神中的四方之神——青龙、白虎、朱雀、玄武，不仅代表了五行星宿方位，也是五行色彩观的体现者。古时称东方之神为青龙，位于东方，属木，其色青，故称青龙，亦作苍龙；称南方之神为朱雀，位于南方，属火，其色赤（红），故称朱雀，又作朱鸟；称西方之神为白虎，位于西方，属金，其色白，故称白虎；称北方之神为玄武，龟形，亦为龟蛇合体，位于北方，属水，其色玄（黑），故称玄武。青龙、朱雀、白虎、玄武合称为"四象"。五岳大帝是道教尊神中重要的一部分，是对东岳泰山、南岳衡山、西岳华山、北岳恒山、中岳嵩山神君的总称。既然五岳代表着方位，按照道教的观念，它也就象征着五色——东方青色、南方朱色、西方白色、北方黑色、中间黄色。因而，东岳大帝服青袍，戴苍碧冠七称之冠，乘青龙；南岳大帝服朱光之袍，戴九丹日精之冠，乘赤霞飞轮；西岳大帝服白袍，戴太初九流之冠，乘白龙；北岳大帝服玄袍，戴太真冥冥之冠，乘黑龙；中岳大帝服黄袍，戴黄龙衣冠，乘黄龙。在五方五色中，中黄地位最高，统帅四方四色。

二、五行色在少数民族服饰中的应用

五行色观念对各民族服饰色彩产生了极其深远的影响，各民族崇尚的色彩也体现了与神灵相交感的原始观念，服饰上的五彩或是与天界神域的色彩相对应，或是与命相或五行达成虚幻的契合。由于各民族其历史背景、自然环境的差异，对色彩的崇尚也不一样。如《晋书·四夷》中就提到"南蛮"喜着黑色衣服："人皆保露徒跣，以黑色为美。"

拉祜族男女服饰大多以黑布衬底，用彩线和花布拼绣缝接上各种花边和图案，有的要镶嵌许多亮丽的银泡。妇女喜欢穿开叉很高的黑长袍（见图6-2），头上裹一条一丈多长的黑头巾，末端长长地垂及腰际，用黑布裹腿；男子也喜头裹黑色头巾。阿昌族男女婚后的包头都是黑色，男子喜欢穿黑色的对襟短上衣，黑色阔腿长裤。姑娘们平时的主要着装也为黑色，老人们更是一年四季黑衣黑裤不变。阿昌族妇女还以黑齿为美。傈僳族爱穿黑色的衣服，他们通常被称为"乌蛮"的一支。

图 6-2　拉祜族穿的黑长袍、黑头巾与黑布裹腿

　　彝族男女服装都以黑色为主，男子服装几乎为全黑色，女子以黑、青、蓝等深色布料为底色，上面绣有红、黄、白三种颜色的条纹，这通常被认为是虎皮花纹的演变（见图 6-3）。黑色在彝族象征庄重、严肃、深沉，包含高大、深、广、强、密等意义。有的彝族人还认为自己的骨头也是黑色的，据说只有黑骨头的人才是贵族，才有资格当头

图 6-3　昭觉彝族传统右衽长衫与右衽半罩衣

领。以上这些民族之所以以黑色为美的象征，通常的解释为对黑虎图腾形象的崇拜（见第四章第三节）。另外，壮族崇尚黑色，以黑为美，并以黑色作为族群的标记，这就是"黑衣壮"称谓的来源。黑衣壮的服饰，从头至足，全身上下皆为黑色。男子穿前襟上衣，以宽脚长裤相搭配，头缠厚重的黑布头巾，腰系一条红布或红绸。妇女无论老少，穿右襟、葫芦状圆领紧身短衣，下身搭配宽脚长裤，腰系黑布大围裙，头戴黑布大巾。

而像藏、普米、白、纳西、羌、土家等民族则有尚白的习俗，以白色服饰为美。藏族人民普遍喜穿白色服饰，贴身穿的衬衣是白色，哈达是白色，史书记载的吐蕃古代诸王也是一身白色。普米族妇女喜穿白色百褶长裙，背上常披一洁白的绵羊皮坎肩，裹白布绑腿，有的地区的妇女还喜欢穿白色大襟短衣。白族人民总是自称"白子""白尼"，服饰也以白色为尊贵。无论男女都喜欢穿白色上衣，背披白羊皮，姑娘出嫁时，父母也要送一张纯白羊皮以作陪嫁。此外，羌族也尚白，男女都喜欢穿自家纺织的白色麻布长衫，有时还用白色头巾包头。至于土家族，他们早在秦汉时期就已经被称为"白虎后裔"。他们的传统织锦西兰卡普上有一种动物图案就是白虎的象征。以上这些民族除了藏族以外都是崇尚白虎图腾民族的后裔，通常人们认为他们尚白的习俗就来自白虎崇拜。经过漫长的历史进程，氐羌逐渐发展演变为汉藏语系藏缅语族的各个民族，其中包括藏族、彝族、白族、哈尼族、纳西族、傈僳族、拉祜族、基诺族、普米族、景颇族、独龙族、阿昌族、土家族等。这些氐羌民族所生存的地区正是早期道教形成的发祥地，成型以后的道教五行色彩观深深地印刻于这些民族的观念之中，自然不足为奇。又由于这些民族都自称为夏、商传人，自然要随夏而尚黑（其中包括彝、哈尼、傈僳、景颇、拉祜等民族），随商而尚白（其中有藏、普米、白、纳西等民族）。另外，五色与五行相配的律制，在少数民族的一些传统文化中完整地保留下来。在苗族一些地区，如遇到大丰收、大兴土木或需要充喜仪式时，一般要举行"接龙"活动，要敬"五方神龙"，即东方青龙、南方赤龙、西方白龙、北方黑龙、中央黄龙，装扮神龙者要穿着各种各样的龙装。

可见，运用五行色彩观所制定的服饰色彩习俗，有利于这些民族的子民与神灵和祖先对应，色彩也就成了他们之间沟通的标志工具。但是，为什么同样尚白的藏族不存在白虎图腾呢？为什么同是氐羌民族后裔的彝、哈尼等民族要尚黑呢？还有，为什么彝族妇女的服饰要以黑、青为底，白、红、黄为缀，这样与五行色彩刚好吻合的搭配难道是巧合吗？其实这些都是道教思想在这些民族服饰中的体现。

第三节　民族服饰色彩中的"崇拜物同化"观念

英国艺术理论家贡布里希认为："所有的纹样原先设想出来都是作为象征符号的——尽管它们地意义在历史发展的过程中已经消失。如果这一理论得到证实的话，那些研究和解释古代象征符号的艺术史家们就有可能获得大丰收。"① 按照贡布里希的眼光来研究服饰色彩这种"有意味的形式"和"传感的符号"，它们可能是远古图腾的遗迹，可能是某种神秘狂热的宗教巫术情感的宣泄，它们穿越时空的隧道，强烈地散发出曾经有过的或现实尚保持着的某种象征意蕴。

服饰在宗教活动中充当神圣的象征符号，很大程度上还依赖于色彩强大的表现力。如藏族广泛采用纯度很高且色泽鲜亮的红、白、绿、黄、蓝、黑等色，宗教仪式中的服饰更是尽其亮丽、繁复，给人以威慑、震撼之感。阿恩海姆说，"色彩能够表现感情"，② 颜色作为表达情感的象征模式归根结底源于宗教———本教中代表五种本源的象征色，后来被佛教所借用，以此奠定了藏族文化环境中五色蕴含的浓厚的宗教情感，在西藏寺庙的建筑及装饰颜色如达隆寺的建筑色彩与大门上的面具装饰即是如此（见图6-4）。有关五色的象征有一定的模式：在不同场景中对应不同的象征意义。五色在方位、五性佛、藏戏面具和五色经幡中都有各自对应的寓意（见表6-1）。

图6-4　达隆寺大门上的面具装饰

①　[英]E. H. 贡布里希：《秩序感：装饰艺术的心理学研究》，杨思梁、徐一维译，浙江摄影出版社1987年版，第376页。

②　[美]阿恩海姆：《色彩论》，常又明译，云南人民出版社1980年版，第13页。

表 6-1　藏族五色象征意义表①

色彩名称	方位	五色经幡	五性佛	藏戏面具	象征意义
天蓝、藏青	中央	天空	不动如来	猎人	佛教文化中代表威严、愤怒、杀戮；老百姓使用则显示富足
白	东方	云	金刚萨锤	男性角色	慈祥、纯洁、美好、吉祥的象征
黄	南方	土地	宝生佛	高僧大德	兴旺、财富，也象征宗教
红	西方	火	阿弥陀佛	国王，浅红用于臣子	佛教文化中是权势象征
绿	北方	水	不空成就佛	女性角色	平民颜色，在佛教中表事业

　　黑色具有多义性，如苯教认为世界起源于"洁白之霜"。最早出现白黑二卵，分别化为神、人、善、光明的谱系和鬼怪、恶、黑暗的谱系，这两方的对立，就是由白色和黑色作为标志，因此黑色在苯教教义中一般代表黑暗、恐惧、野蛮。在佛教寺庙中护法神用黑色，有镇邪一方的意思。在民间黑色有"财富"的含义，而在藏区周边的其他民族则普遍把黑色理解为护法神，用于服饰中有祛邪护身的象征意义。在具体的环境或不同的情况下，对某种颜色也有不同的理解，如藏戏中的神舞面具"更"，为神的仆从或使者，凡眼难见的魔障、灾难等，"更"均能克除，其面具色彩上，男"更"为白色，女"更"为红色。

　　在服装的色彩方面，佛教对少数民族服饰色彩的影响也随处可见。如释迦牟尼的代表色彩是白色，佛祖形象除尚白外，还尚橙黄。如傣族服饰色彩明显受到佛教艺术的影响，傣族男子多穿大襟或对襟，无领小袖短上衣，下着长裤，束腰带，头缠丈余长的白色或青色头巾。女子一般爱穿白色或浅色的对襟短衣，下身为裙。这个民族尤其钟爱穿着白色衣服，《新唐书》曾以"白衣"称傣族。如今，信奉佛教的傣族少年男子，入寺时都需着白衣，披白布，父母挽白布一端，参见方丈，方丈再为其披上橙黄色袈裟，正式接受其为僧。而新僧家族还要在住宅四周缠白纱，接受僧侣祝贺。

　　同样，在藏传佛教文化中，白色象征圣洁，藏族人用白色衣料做衬衫，用白色衣料装饰衣裙边。在安多藏语中，白色"尕鲁"代表最美，至高无上。青海地区藏族所戴帽子为白毡带沿高尖帽，一般藏民穿白光板羊皮藏袍，用白色羊羔皮镶领，高级藏袍用白羊羔皮挂饰缎面制成，男子内衣用白色，妇子腰饰为一锚状物白银。藏族女子15岁时

①　阿旺晋美：《藏地原色》，载《西藏人文地理》2006 年第 4 期，第 118~133 页。

要举行戴"敦"成年仪式，仪式举行前姑娘大清早用掺了牛奶的水洗脸，象征吉祥、幸福、纯洁。藏族在举行结婚仪式中，要给新娘铺上白色的毡子，还要抓一把糌粑洒向空中，使人浑身变白，以示庆祝。其中，藏族最为人们所熟悉的风俗礼仪，是当尊贵的客人来访都要献上一条哈达（色泽以洁白为最普遍）。藏传佛教对藏族、蒙古族、普米族、纳西族的服饰等有较多影响，他们普遍有尚白的传统。这种影响是通过"崇拜物同化"的心理实现的，同化的目的是对崇拜物的认同和祈望得到崇拜物的保佑。如，他们的僧人装束也很有讲究，对色彩有明确规定：青如蓝靛、赤如土红、紫红如木槿树皮。由于人们对宗教的虔诚及对宗教领袖的崇拜，民间不少中老年人的着装就体现了"青如蓝靛""赤如土红"的色彩偏好。

在藏族服饰和头饰中，普遍使用红、黄、橙、蓝、青、绿、紫、黑等颜色（见图6-5），这也与宗教有关。人们注意到：佛祖释迦牟尼身着黄色袈裟，莲花生大师头戴红帽，宗客巴大师头戴金黄色帽。五彩哈达更是诸多菩萨的盛装，红色表示空间护法神，白色表示祥云，蓝色表示天空，绿色表示江河，黄色表示广阔的大地。因此，五彩哈达与黄色的琥珀、绿色的松石、红色的珊瑚和蓝色的孔雀石等便成为藏族妇女们常用的装饰品（见图6-6）。在拉萨、日喀则一带有一种称作巴珠的头饰（见图6-7），就是在三角形或弓形的架子上串缀珊瑚、珍珠、绿松石等；青海玉树藏族妇女在头顶戴蜜蜡或琥珀珠；安多牧区藏族妇女的发套多用绿宝石、珊瑚、玛瑙及贝壳等串联而成；康巴牧区藏族妇女则爱在头顶戴饰几颗碗口大的黄色琥珀，并在琥珀上再缀一颗蓝色的孔雀石，在发辫上挂满绿松石或红珊瑚；甘孜藏族男子则用牦牛毛把头发加粗，再缠上红、绿绸缎盘在头上，并用象牙、绿松石、红珊瑚、玛瑙等物品装饰；拉萨地区墨竹贡卡县的藏族妇女则爱在头顶上装饰圆形银器，并在圆形银器上堆嵌绿松石、玛瑙装饰（见图6-8）；白马藏族妇女喜爱戴用白羊毛制成的白毡帽，帽子上插着白色的羽毛（见图6-9），头饰中的白银制品种类繁多，造型各异。

图6-5 藏族地区帽子的各种颜色

图 6-6 藏族妇女服饰上的五彩装饰

图 6-7 戴巴珠头饰的后藏妇女(背面)

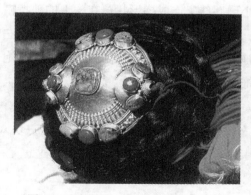

图 6-8 墨竹贡卡县藏族妇女头顶装饰

图 6-9　白马藏族服饰上的色彩

　　藏族妇女的服饰，对五彩的运用十分大胆，这是有原因的。从佛教意义上说，"五彩哈达是菩萨的服装"，藏族妇女的"邦典"（围裙）就是以五彩为基调，以多种色条组合而成。有些藏族妇女的袍面也镶上五厘米宽的五彩"邦典"料，然后用红、蓝、黄、紫、黑等颜色做 3~14 厘米宽的花纹。

　　藏族人民将头饰佩戴于头上，希望得到神灵的护佑，同时获得好运。如卓尼县藏族妇女的头发都梳成三根粗大的辫子，当地方言中把辫子称为"格毛儿"，衣着服饰统称为"三格毛"，又称作"三格瑁"。"珊瑚莲花帽"俗称"珊瑚斑玛"，是藏族青年妇女最爱的头饰，是一种用红色小珊瑚珠串连成梯形状覆在头上的独特帽子。它的小面与前额对齐，大面披盖在头顶后，两端装饰各种颜色的带，悬垂在脑后左右两边。飘带的颜色与衣服搭配，如果是天蓝袍子，则配大红或桃红飘带；若是大红袍子，则配天蓝或绿色飘带。据说，这种珊瑚头饰是"拉"的头饰（"拉"是高居天上的神，可以帮助人类，给人类带来幸福）。珊瑚的大小及成色，还是家庭财富的象征，它一般和毡礼帽佩戴。后藏妇女服饰除了邦典之外，还有两块类似的五彩氆氇；一块对角折成长条状围在后腰，前面用银质腰钩连接；另一块彩条竖排披在后背，这也是一种比较古老的穿戴方式（见图 6-10）。

　　有人类学者指出："如果象征符号因其内含的意义而具有影响人的力量，那么，操

图 6-10　阿里普兰县科加寺鲜舞中的妇女背饰

纵这些符号的宗教仪式的执行者更能够增强这种力量。"①如一块由活佛开过光或念过咒的红布"都巴"（mdudpa）成为藏族人随身佩戴的护身符，可以祛病、消灾、保平安；即使戴久了或不小心弄脏了也不能随处乱扔，要拴在树上，不然会惹怒神灵。可见，在民族服饰色彩中，色彩这种"有意味的形式"除了审美符号之外，还是一种图腾的象征符号，也是某种宗教情感的流露和宣泄；民族服饰的色彩，由最初的纪念祖先、保佑子孙、祈福消灾、祛邪避祸，发展到由实用功能向审美功能逐步过渡，成为美化生活不可或缺的一部分。色彩之所以作为一种文化符号能被人们广泛接受并运用是因为它在表情达义、传递信息等方面具有独特的功能。这种神奇的形式，在民族服饰上以最简单巧妙的方式，诠释着最厚重、最深沉的宗教文化。

---

① 童恩正：《文化人类学》，上海人民出版社 1989 年版，第 255 页。

第七章　民族服饰元素——现代服饰设计中的精神再现

中国绚丽多彩的民族服饰文化蕴藏着悠久的历史，有着世界上独特的人文产物和民族风情。每个民族文化都包含着丰富的民族服饰元素，民族服饰元素又包括物质元素和精神元素两个范畴：物质元素是实体化的元素，主要包括造型、款式、面料、工艺等；精神元素是指各民族在自身文化的发展中形成的特定观念及审美意识，包括色彩、图案、装饰等。任何一个民族服饰的形成都绝非偶然，外在的物质元素和内在的精神元素共同构成了各民族服饰的独特风格，体现了各民族的生活环境和风俗习惯，蕴涵了各民族的民族精神和审美意识。

民族服饰元素能带给设计师敏锐而丰富的联想，传统的民族文化一直影响着当代设计师，并成为永恒的设计主题存在于设计作品中。民族服饰元素在现代服装设计中的精神再现，就是设计师借用民族服饰中的面料、款式、造型、色彩或图案及工艺等要素特征，根据现代人的着装方式和审美倾向，通过现代时装设计方法，把所取的部分要素融入现代服饰中，使民族元素在现代生活中得到升华。视觉上的民族服饰元素往往比较直观，但是内在的精神层面的民族服饰元素往往被人们忽视。每个民族的民族服饰都渗透了各自的文化精髓，只有在熟知这种文化背景的前提下，对少数民族服饰色彩、图案、工艺等进行吸收、借鉴，并融入大量的时尚元素，将传统与现代完美结合，才能设计出充满现代感的作品。

第一节　民族服饰色彩的再现

中国各民族服饰的色彩观念，来源于中华民族古老的哲学思想。赤、黄、青、白、黑五色已观深入各民族的色彩审美意识中。人们在生产实践中形成的一些色彩观念，会使得一些色彩感觉在人们的心目中成为永恒。在服饰色彩上，各民族崇尚的色彩体现了与神灵相交感的原始观念，服饰上的五彩或是与天界神域的色相对应，或是与命相或五行达成虚幻的契合。各民族由上古不同的氏族演化而来，由于其历史背景、自然环境的差异，对色彩的崇尚也不一样。如，汉族以黄色为高贵；藏、蒙、回、羌、白、普米、纳西等民族服饰崇尚白色；彝、土家、傈僳、景颇、拉祜等民族崇尚黑（或青）色；哈尼族将神域之色的红色顶在头上；苗族、瑶族、土族则喜欢大红大绿的搭配；纳西族除了崇尚白色外，还认为青、赤、白、黑、黄五色，与人的生辰命相有深刻的关系。高级定制师劳伦斯·许（Laurence Xu）始终遵循"以人为本"的设计理念，在汲取西方经典设计手法基础上，通过对中国元素的创造性运用，诠释着独特的东方之美（见图7-1）。在现代服饰中（见图7-2），彩色条纹装饰，似乎感受到五色观在服饰中的精神再现。少数民族服饰中的色彩多样，面料多为天然纤维，染色多以蓝、黑或本白等纯色为基底色，为了丰富其服饰，搭配了许多其他丰富的色彩，使用了原色、纯色、对比色、互补色等，可增强色彩的对比，形成鲜明、艳丽、装饰性极强的效果；而这种色彩搭配在现代服装设计中也得到广泛的运用，在淡雅纯朴的素色中也会在局部出现不同比

图7-1 Laurence Xu 作品

例的同类色、互补色、对比色。如：红配绿、紫配绿、黄配蓝、紫配黑等，我们通常认为很俗的色彩搭配，在其中却被大胆地使用，取得了夸张的效果，效果却不落俗套。如图7-3所示，在服装色彩设计中，设计师在红色的底色上点缀红色、黄色及蓝色的花卉图案，在红色的底色上点缀绿色的叶子与红色及蓝色的花卉图案，还有通过不同色彩对比的拼接与搭配方式运用于服装设计中。著名设计师 Manish Arora 曾在 2011 年巴黎春

图7-2 服饰中不同彩色条纹装饰

图 7-3　服饰中不同色彩点缀

夏时装发布会上充分展示了这一配色效果。尝试以红色为主调，在乳胶紧身裤上使用一系列的糖果色，直线型撞色外套上装饰着巨大的贴花，黄色的牛角形与绿色的圆圈、圆形等装饰于腰部、胸前和肩膀部位，搭配不同比例的对比色、互补色等鲜艳的颜色，从而产生出丰富的视觉效果（见图 7-4）。

图 7-4　服饰中对比色装饰

英国著名服装设计师亚历山大·麦昆（Alexander McQueen）作品中同样可以看到民族服饰色彩的再现（见图 7-5）。在 2010 年春夏发布会上用时尚的语言诠释水下未来的世界，透过精炼的短裙设计可见到精心处理的海洋爬行动物印花，以及收紧的腰线、钟形花朵裙的轮廓。从最初的绿色和棕色，渐渐进入浅绿和蓝色，让人产生无限的遐想，仿

图 7-5　亚历山大·麦昆作品

佛进入未来海洋的世界，去感受人与自然的和谐之美。

　　在现代服装设计中，设计者不断汲取各民族服饰色彩特点，结合现代潮流趋势，巧妙地以拼接、点缀、色彩分配等形式，将民族服饰元素融入其中。德赖斯·范诺顿（Dries Van Noten）是"安特卫普六君子"的成员之一（见图 7-6）。他在 2010 服装发布会上，运用民族风格色彩的印花，通过经典的裁剪样式，融合现代时装美学，将服饰的纹样、配色运用到设计中，其纹样、色彩处理富于变化，独具魅力。另外，在江南布衣、

图 7-6　德赖斯·范诺顿作品

227

木真了等国内的知名品牌中，我们经常能看到黄色和紫色相搭配，而裙子也由红色和绿色的面料相拼接，虽说这样的服装不显得高雅，但却散发着一种纯朴的气息。

第二节　民族服饰图案的再现

服饰图案是人类记录生活经验和表达审美意识的特殊语言，也是传承历史与文明的重要载体。服饰纹样图案的内容来源于生活，各民族服饰纹样多效仿自然，以各种动植物为图样（见图7-7）。民族服饰中所展现的不同图案，既与大自然相和谐，又丰富了服装的视觉美感。设计师们将动物、植物纹样或几何图形，经过抽象、写实等几个阶段的处理，应用于服饰，形成了专门的技艺。

图 7-7　服饰中的各种图案装饰

在现代服装设计中，设计师通常打破传统服饰图案自身在文化和结构法则上的束缚，扩展其运用和使用领域。如孔雀图案（见图7-8）在休闲装、男装等不同风格服装上的成功再现，便是一个典型的例证。传统民族服饰图案是通过印、染、绘、镂、织、缀、拼等方法将图案制作到服饰面料上的。由于传统工艺制作成本过高，不适合批量生产。在设计中，设计师们不断寻求创新，通过蜡染、电脑刺绣、丝网印刷、热转印、编织等工艺进行制作；在面料上运用激光粘贴亮片、烫钻、数码印花等新型图案制作工艺方法，使服饰图案与现代构成设计和时尚审美相结合，既可以较好地适应现代机械化生产现状，也可以提高传统民族图案在现代时尚服装上运用的艺术效果，使得今天的设计舞台呈现出流行前卫的新姿态。

图 7-8　服饰中的孔雀图案装饰

　　在国际服装舞台上，类似于这种对少数民族服饰图案的借鉴设计屡见不鲜。中国少数民族服饰图案的造型、色彩以及图案的制作工艺等吸引着全世界设计师们的目光，已逐步走向服装设计潮流的前沿。在许多大牌服装中，我们随处都可发现不少取材自中国少数民族服饰图案的民族元素，许多设计师通过布贴、钉珠、刺绣等手法（见图 7-9），

图 7-9　服饰中各类图案装饰

突出图案在服装中的装饰效果，使得不同服装色彩与图案交错融合，在服饰上撞击出了最美丽的火花，展现出一派热烈的民族风情。

国内的一些品牌，如渔、天意也是一直以擅长使用民族图案而见长，这些品牌结合经典与荒诞，高贵与街头，通过各种面料以纯熟的现代技巧整合起来，演绎出另类的优雅与华丽。图7-10为国内新锐设计师上官喆创立的同名品牌SANKUANZ设计，此作品是在简单实用的款式上，通过趣味性的图案及色彩，表达出设计者对生活的细腻感受。更值得一提的是，作为丽江纳西族特有的东巴文字，现如今已鲜少作为文字来使用，由于其古朴的造型，更多地被作为一种图案来使用。它们大量地被用在服装上，在丽江随处可见，几乎每件纪念衫上都会印有代表吉祥意思的东巴文字，这种东巴文字现在几乎成了丽江旅游服装中的标志符号。

图7-10　SANKUANZ作品

周而复始，螺旋上升，今天的服饰艺术审美在某种层面上，似乎又回到了少数民族传统审美的起点。设计师们以各种方式再现民族风格。如将少数民族服饰图案绣片进行二次创意设计，原始绣片被重新剪贴、设计到时尚的廓形中，或将文身符号、服饰上的图案重新设计等形式运用到现代服饰中。图7-11与图7-12为学生设计作品，前者是将怒族服饰上的条纹重新设计并运用到现代服饰中，整体看上去时尚，且又精巧别致。后者(作品《灵媒》)是运用部落的图腾，将部落音乐符号、巫术等元素运用到设计中，体现出原始部落的粗犷、神秘感。服装采用印花工艺制作，搭配丰富的细节，体现了休闲装的舒适性。

图 7-11 姚如作品

图 7-12 代骏顿作品

第三节 民族服饰款式的再现

中国各民族差异极大的自然环境、社会形态，形成了各民族服饰丰富多彩的局面，也造就了服饰文化的多层次发展。尽管各民族服饰缤纷多姿，但它们还是以一定方式制作而成的，这是以人体为标准、包裹人体为目的，并蕴涵各民族文化的传统服装规范，它们构成了各民族服装款式的要素，也构成了中华服饰符号的独特形制特点。与西洋服装形态相对比可知，中国各民族的传统服装均属于平面结构，这主要来自我国传统文化的基本内容之——天圆地方的学说（《周髀算经》有"方属地，圆属天，天圆地方"之说）。天圆地方历来为文化各界、民间风俗等所尊奉，体现在服装观念上就是将整幅的布简单裁剪形成宽松疏朗的形制结构，这种平面式结构形态的服装，通常会更注重图案纹样、刺绣等装饰手段。另外，各民族基本遵从上衣下裳的服制，上衣下裳为我国古代最基本的服饰形制，是我国古代的一种服饰制度。传说上衣下裳为黄帝、尧、舜时期所创，取之于天地的形与色，天在上、地在下，故衣在上、裳在下。

在服装形制细节上，主要有对襟、大襟、斜襟式上衣、袍衫等。北方少数民族的服装形制比较统一，多身着宽大厚实的长袍，长衣盛饰是北方各少数民族服饰的特色。南方各民族的服饰是多样化的，属于山地文化的南方各民族，交通闭塞，形成了文化地理上的错落分布，服装多为上衣下裙，但其服装的形制变化极其丰富。在中南、西南的广大崇山峻岭中，各民族服饰精彩纷呈、风格各异：藏族的服装中的肥腰、长袖、大襟是其典型结构；藏族的服装长及人体，黎族的衣裙则短小秀美，独龙族一条线毯包裹的服装形态简洁自如，傣族的筒裙婀娜多姿，苗族的衣裙式样繁多、绣工精致。这些同样成为设计师灵感的来源，国内外许多著名设计师的作品中随处可见民族服饰构造方法的借用，其主要表现在两个方面：一是服装外轮廓的启发；二是服装内部结构方法的局部借鉴。服装的外轮廓即服装的造型。大多少数民族服饰造型属于平面结构，且无省道应用，多呈直线形，表现出的效果是平直而方正的外形。通过研究发现，民族服饰中主要是通过改变服装款式的造型、宽窄、组合方式、穿着层次来寻求变化。从设计美的形式感角度来看，设计师通常借鉴变化与统一、对称与均衡、比例与尺度、重复与节奏等方式来丰富视觉感受。如法国高级女装品牌克里斯汀·迪奥（Dior）的某款服装（见图7-13），此款借鉴东方平面结构特点，应用喜庆的红色面料，在夸张的服装造型上，加上精致的图案装饰，给人带来东方典雅优美之感。在民族服饰风格设计中，设计师通常在借鉴与吸取民族服饰元素的同时，结合时代流行趋势，将民族服饰造型艺术与现代设计思想、设计法则相糅合，使服装更具特色，且突出传统与现代之美。图7-14为法国的时装品牌纪梵希（Givenchy）作品，上衣肩部合体，袖口呈喇叭状，门襟则是借鉴了民族服饰中斜襟式特点，再加上裙子上的绣花点缀，给人带来简洁优雅的东方之美。

图 7-13　克里斯汀·迪奥（Dior）　　　图 7-14　纪梵希（Givenchy）

　　在国内外许多设计师或品牌中可见到民族元素与时尚的紧密结合，如中国著名设计师马可用最质朴的棉麻面料表达生命的纯粹（见图 7-15）。2008 年，马可在"无用"巴黎高级时装发布会上，展示了中国传统手工之美，其作品中可见传统刺绣工艺及民族服饰造型的借鉴。还有在著名设计师梁子作品中同样可以感受到东方民族浓浓的韵味，在"天意·梁子 2007 年春夏时装发布会"作品中，可见民族服饰中平面结构造型

图 7-15　马可作品

充分体现，同时运用丝绸面料，将传统刺绣、印染等工艺，表达中国民族特有的东方意蕴（见图7-16）。

图 7-16 梁子作品

当今，越来越多的设计师开始关注中国传统文化，通过不同的形式将民族服饰元素运用于自己的设计中。图 7-17 是一幅学生的设计作品，灵感来源于西藏喇嘛穿着的服装特点，红色与条纹装饰含蓄而具有现代感。在少数民族中，面具形式多种多样，有的

图 7-17 余茜子作品

滑稽可爱，有的表情剽悍、凶狠，过去主要用于祭祀酬神、驱鬼逐疫作用。随着时代的发展，这些同样成为设计师们灵感的来源，他们将面具设计成各具特色的图案运用于服装上（见图7-18），服装上诙谐的脸谱图案点缀于简洁款式中，增添了一份幽默和趣味，且极具时代感。

图7-18　服饰中的面具装饰

第四节　民族服饰材料的再现

　　我国各少数民族由于居住在不同的环境之中，千百年来看天穿衣，择地做服，渐形成了与自然同构的审美风范，服饰用料同样显露出多重性的状态。各民族服饰的材料主要来自天然的素材，如木叶衣、兽皮围、麻毡、葛鞋、竹屐、笋帽、棕蓑、棉裙、火草、木棉布、石棉布、羊皮袄、牦牛、拓蚕丝以及用于装饰的野花碧虫、青竹藤黄、荆钗石镯、鸟羽兽牙、松石玛瑙、铜扣银泡等。在服饰原料上，畜牧民族多偏重牲畜的毛皮，以皮毛、毡、氆氇、锦缎为主；渔猎民族则多尚狍皮、鹿皮和鱼皮；农耕民族则喜欢用棉布、麻布和丝绸。如赫哲族的鱼皮装、鄂伦春的兽皮袍、布依族的"蜡染"、侗族的"亮布"、维吾尔族的"艾得丽丝绸"、土家族的"西兰卡普"织锦，都是极富特色的少数民族服饰形式。山野的物产有多少，民族服饰材质的品类就有多少。许多民族服饰因其独特的质地，显示出强烈的审美个性，例如"衣木茹皮"和羽角之饰，反映出神话荒朴的本色；麻毯葛鞋、笋笠棕蓑，透出一种心远地偏、清悠澹永的气韵。至于皮袄的粗犷、织锦的富丽、披毡的古拙、丝纱的清雅，皆因不同地区不同民族世世代代的传服，而成为不同民族服饰艺术独特的审美特征。

　　在少数民族服饰中，动物的皮毛除了各民族图腾信仰之外，由于其厚重坚实，质地紧密，具有良好的保暖、防潮、耐磨性能，因此西南地区少数民族应用动物皮毛作为原料较为广泛，如：纳西族妇女的羊毛披肩、羌族男子的羊皮背心、彝族的察尔瓦（羊毛披毡）等。如今，在时尚舞台上（见图7-19），可见到许多国内外设计师将动物皮毛或仿动物皮毛运用于服装设计中，以表达新的视觉美感。

图 7-19　动物毛皮在服饰中的再现

　　羽毛在少数民族服饰中主要是作为装饰的材料，如高山族男子有挑绣羽冠、哈尼族女子头饰上有羽毛装饰、白马藏族毡帽上插着一根到三根白色鸡羽毛、哈萨克族女子帽顶上饰有猫头鹰羽毛，还有苗族的百鸟衣上的羽毛装饰等。羽毛在不同民族有着不同的象征意义，且至今还保持着鲜明的民族和地区特色。在国际时尚舞台上，可见到设计师们喜欢将羽毛作为装饰，应用于帽子、耳环等饰物上，同时还应用于服装设计之中（见图7-20），

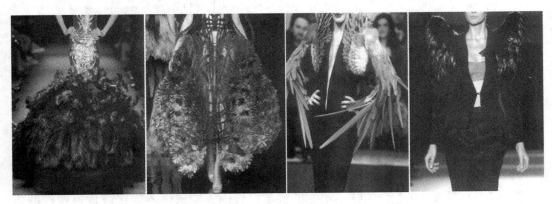

图 7-20　羽毛在现代服饰中的再现

运用夸张的造型，点缀于裙摆、领子及肩部等，以展示人与自然的和谐之美。

　　现代服饰面料主要以棉毛、麻、缎、化纤等为主。传统服饰图案在各种面料的设计使用上，都可以找到最佳的适应点和最充分的表现力：织物的纤维变化、经纬变化、提花变化、镂空变化、肌理处理等，都会直接或间接影响到传统服饰图案的最终呈现效果和视触觉感知。例如用丝绸制作的女装可体现女性的柔美、温婉；用传统棉布、蓝印花布可表现服装的古典、质朴。在设计实践中（见图 7-21）中，通过不同工艺手法将这些传统面料、服饰的材料所蕴含的民族气息直接嫁接到现代设计作品中，以此设计语言来突出设计作品的民族特色，使设计作品更具民族风情。因此在现代服装设计中以这些服饰材料、传统面料为设计材料，并结合现代审美并加入细节的创新，就可以设计出既时尚又兼具民族风格的服装作品。如图 7-22 所示，这幅作品将麻绳与金线结合，采用编织手法，形成抽象的纹样装饰于肩部，给人带来一种自然而优雅的新感受。真丝绡轻薄且给人一种飘逸的感觉，设计师结合它的特点将不同颜色的真丝绡拼成新的几何纹样（见图 7-23），并结合款式运用于服装设计中，通过对面料的处理，以新的设计语言来体现当代女性之美（见图 7-24、图 7-25）。这是借鉴了剪纸工艺，通过剪刻、镂空等技法剪纸银光色的涂层皮革通常给人一种空透的感觉；电脑科技与手工结合，在仿麂皮面料和银色涂层面料上将民族传统纹样装饰其中，既让人感受到民族传统气息，同时又体现了时代感。

图 7-21　不同工艺与面料的组合

图 7-22　杜丽景作品　　　图 7-23　赵爽作品　　　图 7-24　吴威作品　　　图 7-25　吴威作品

　　面料的拼接在少数民族服饰中较为常见，表现手法甚为多样新颖，常见的有小凉山彝族、苗族的百褶裙、花腰傣族的筒裙等。在现代服饰设计中，拼接手法随处可见，如图 7-26 所示，采用不同色彩面料拼接呈现不同的视觉效果。

图 7-26　不同色彩面料拼接

　　另外，少数民族的配饰材料丰富，各具特色，从配饰中可见许多图腾崇拜的遗迹。由于配饰不仅具有强烈的装饰性，还有代用物、补充物、保护物的多重功用，因而显得十分重要，不可或缺。在现代服饰设计中，由于配饰可搭配性强，往往被原汁原味地应用于服装的搭配之中，使现代设计更增添个性且具质朴另类之美（见图 7-27）。设计师将具有民族特色的配饰材料直接或间接装饰于现代服装设计之中：如将表面斑驳的天然石头、珊瑚、兽骨、串珠、银质饰品、羽毛还有充满异域风情的帽子等用于服装设计，平实的材料散发出浓烈的乡土气息，将民族风情与现代时尚搭配得完美而协调。在时尚发布会上，许多服装设计师将民族风格配饰应用于设计中。如梁子曾在其发布会上搭配许多中国少数民族的饰品，如苗族的项圈、银饰和绣花荷包，藏族的绿松石等。精致的服装搭配粗犷古朴的装饰，这些具有想象力的组合，形成了强烈的视觉对比和丰富的视觉效果，使其服装更具特色。

图 7-27 民族风格配饰

第五节 民族服饰手工艺的再现

民族服饰手工艺包括服饰制作工艺和装饰工艺，是人们通过物质形态的方式表达精神诉求——如服装定型工艺（如百褶裙）、百纳布工艺、扎染、蜡染、印染、刺绣、织锦、编结、首饰制作等，而形成的各具特色的工艺技术，这些传统手工艺依然让国内外设计师们情有独钟。如图 7-28 所示，它们在国际时尚舞台上随处可见。它们丰富多变的样式，或浪漫华丽或乡土纯朴或简洁大气的气质，天生就是服装设计师取之不尽的灵感来源。传统的工艺、现代的设计是对传统工艺的再创造，是民族精神的再现，也是对传统工艺的一种传承与发展。

图 7-28　现代服饰中传统工艺再现

作为服装设计师最偏爱的民族服饰元素之一的刺绣工艺，在现代设计中运用得最为广泛。刺绣技法多种多样，主要有素绣、彩绣、平绣、凸绣、辫绣、缠绣、堆绣、锁绣、绉绣、盘绣、挑绣等多种方法，不仅绣工精湛讲究，色彩搭配也极为协调，其工艺在少数民族的巧手之下被发挥得淋漓尽致，而且各具特色。尤其是苗族的刺绣，有别于汉族地区的刺绣，苗绣种类的繁多和工艺的精美，让其他种类的刺绣望尘莫及。在中国四大刺绣中，苗绣的工艺种类超过 20 种，挑绣、绉绣、叠绣等是其他刺绣中没有的技艺。其中"双针锁"工艺起源于汉代，这种绣法现在已经很难看到，但在苗绣中保存了下来。少数民族的刺绣具有古朴神秘的异域感，更多地被用在年轻时尚感强的服装中——T 恤衫、牛仔裤，变得更加富有特色，同时也能提升服饰的文化内涵。在设计实践中，设计师们为了寻求新的视觉效果，通常将刺绣手法运用于不同的面料材质中（见图 7-29），或用不同材质的线（见图 7-30、图 7-31），应用刺绣的手法，将图案进行抽象化处理，运用于简洁的、富有时代感和街头感的裙装、裤装和外套上。新颖的搭配没有让人觉得别扭，反倒让年轻人看到了另一种美。恰到好处的运用能充分完整地体现事物的美丽，而设计师为的就是要将这种美丽结合现代时尚发挥到极致。

图 7-29 刘梦瑜作品 　　　　图 7-30 刘嘉雯作品 　　　　图 7-31 黄博作品

　　少数民族的染色工艺是民族服饰艺术中较有特色的印染工艺。传统印染有靛染、扎染、蜡染等多种工艺。靛染是利用蓼科植物中提取的染料对织物染色的一种方法。靛草染土布，其蓝色泽沉着；藤黄、茜草、树脂染黄色和红色，透明而雅致；当配以褐色纱线在淡灰黄土布上织出花纹时非常美丽。扎染又称绞缬、扎缬、撮缬，是采用缝缠、打结、捆扎等防染技术对织物染色的一种印染工艺，也是中国传统染色方法之一。扎染分为"扎"和"染"两道工序："扎"，就是将布料按一定要求在花纹部位缝缀、扎结等多种形式组合；再进入第二道工序"染"，即将被印染的织物打绞成结后，放到染料中染色，最后拆去缝线。由于捆扎部位不易被染液渗透，形成了一定的花纹图案。还有一种"扎经染色"方法，被称为扎经分段染织法，生产方式较为特别，有别于一般织物先织造后染色的流程。其基本工序可以分为以下几个步骤：从蚕茧抽丝、并丝和卷线；之后通过扎染的手法，将并排的经线分股分段染成不同颜色；最后将染成的经线通过手工织布机和纬线结合，形成平整的色彩渐变效果的绸缎。维吾尔族传统丝绸艾得利丝绸即是采用这种方法印染。蜡染，又称蜡缬，是采用蜡防染技术对织物染色的一种印染工艺。其制作工艺是将黄蜡加温溶解为蜡汁，用蜡刀蘸上蜡汁在白布上绘图，绘好后放入染缸渍染，然后用清水煮沸脱蜡，即现出花纹。蜡染有冰纹肌理的自然意趣，色彩素雅、简洁明快。

　　设计师将处理之后的面料再设计成服装，这样既体现了设计师的款式设计特点，同时也体现了扎染所要展示的图案和表现的意境。在 2010 春夏时装周的国际时尚舞台上，众多时装品牌的设计师不约而同地将扎染元素运用到服装设计当中。对扎染的服装艺术表现最"不惜笔墨"的当属意大利著名品牌蓝色情人(Blumarine)的创始人和设计师安娜-莫里那瑞(Anna Molinari)。她在2010春夏米兰时装周的时装发布会几乎可以概括为扎染的时装秀(见图7-32),整场秀以扎染为主要创意贯穿始终。色彩在扎染服装上的运用是时装秀的一大亮点,设计师将明亮的粉红、粉绿、粉黄、粉紫等色彩相互组合搭配,给人以明快、清新的感觉,再配合服装上扎染效果的晕染与渐变,使得这一系列时装仿佛是春天绽放的花朵,为秀场注入了大自然的气息。致力于塑造女性形体美的法国知名品牌荷夫·妮格(Herve Leger)在2010年纽约时装周上,推出条状带拼接或编织的系列小礼服,其中不乏运用扎染的条、带拼接,并且将扎染运用在牛仔布等新型扎染材质上(见图7-33),这也是利用传统元素来表达服装风格的一种方式。

图7-32　现代服饰中的染色工艺(安娜-莫里那瑞 作品)

在传统染色工艺中,相对于扎染所要表现的整体来说,蜡染则是局部的重点刻画。蜡染在现代的设计不论是女装还是男装同样随处可见,如在运用现代蜡染抽象图形、写意传神后,还加入了个性化涂鸦艺术语言抒情释怀。扎染元素的服饰渐渐受到大众的喜爱,扎染元素的应用也从服装饰品拓展到了各式手提包、鞋子甚至染发等时尚装扮上来。另外，设计师还别出心裁地将扎染与迷彩元素组合在一起，既契合扎染的自然风貌，又增添了扎染时装的现代时尚感。

随着时代的发展、科学的进步，数码印花技术被广泛运用于服装行业。比利时安特卫普设计师安·迪穆拉米斯特（Ann Demeulemeester），以其不规则理论而驰名于世。他坚持永远不变的黑白两色（见图7-34），将图案通过数码印花技术表现于服装之上，给人以明快且生动之感。图7-35展示的是国内独立设计师孙小峰（SEAN SUEN）作品，此作品运用数码

图 7-33　扎染面料装饰（荷夫·妮格作品）

印花技术，呈现出传统染色工艺效果，结构上运用对称和分解手法，在简洁款式上通过不规则粗细的线条的装饰，给人以时尚简洁明快之感。

图 7-34　安·迪穆拉米斯特作品

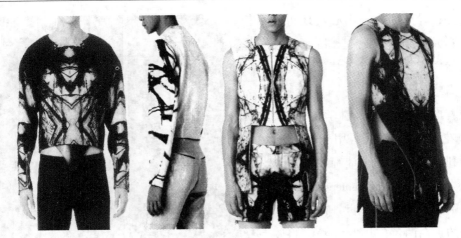

图 7-35 孙小峰作品

在 2013 春夏伦敦时装发布会上，许多设计师作品中就有大量运用新的印花技术。如著名设计师阿米娜卡·威尔蒙特（Aminaka Wilmont）的作品，如图 7-36 所示，该作品将不同的抽象、具象、渐变效果和典型的条纹纹样与服装褶皱的结构、面料的肌理和图案巧妙地结合起来，应用现代艺术设计和工艺手法营造出大自然光与色交织的幻景，使扎染呈现出科技与时尚的面貌。

图 7-36 阿米娜卡·威尔蒙特作品

当今服装设计师所要探索和追求的就是让民族精神融入世界精神，让传统融入现代，把东西方不同的哲学与美学观念下所表现的不同气韵融入现代设计中。在现代服装设计中，民族精神的再现就是要实现民族服饰元素的交融，把造型、色彩、图案、材料、工艺等民族服饰元素与现代人的审美心理和现代设计法则结合起来，进行创新性的设计，实现民族服饰元素与现代设计元素的融合。民族元素不是简单的中国文化堆积，不是对民族传统服饰造型、色彩式样、表面形式上的模仿，而是要在传统与时尚的隧道中把民族元素和现代元素进行嫁接和融合，使传统与现代文化间的精髓相互融合、相互碰撞，和谐地发展。只有这样，才能让民族美与现代美在中国现代的服装设计中得到完美演绎，创造出充满现代感的富有东方韵味的民族服饰。

主要参考文献

[1]凉山彝族自治州博物馆. 凉山彝族文物图谱[M]. 成都：四川民族出版社，1983.

[2]任乃强. 羌族源流探索[M]. 重庆：重庆出版社，1984.

[3]民族文化宫. 中国苗族服饰[M]. 北京：民族出版社，1985.

[4]蒙国荣，谭贻生，过伟. 毛南族风俗志[M]. 北京：中央民族学院出版社，1988.

[5]杨昌鑫. 土家族风俗志[M]. 北京：中央民族学院出版社，1989.

[6]马学良. 彝族文化史[M]. 上海：上海人民出版社，1989.

[7]施联朱. 畲族风俗志[M]. 北京：中央民族学院出版社，1990.

[8]王迅，赤巴鲁. 蒙古族风俗志[M]. 北京：中央民族学院出版社，1990.

[9]中国彝族服饰画册编写组. 中国彝族服饰[M]. 北京：北京工艺美术出版社，1990.

[10]王宏刚，富有光. 满族风俗志[M]. 北京：中央民族学院出版社，1991.

[11]巴图包音. 达斡尔族风俗志[M]. 北京：中央民族学院出版社，1991.

[12]梁庭望. 壮族风俗志[M]. 北京：中央民族学院出版社，1991.

[13]韩有峰. 鄂伦春族风俗志[M]. 北京：中央民族学院出版社，1991.

[14]邓启耀. 中国西南少数民族服饰文化研究[M]. 昆明：云南人民出版社，1991.

[15]张伯如. 侗族服饰探秘[M]. 台北：台湾汉声出版社，1992.

[16]安正康，蒋志伊，丁信之. 贵州少数民族民间美术[M]. 贵阳：贵州人民出版社，1992.

[17]贵州省文化厅. 苗族[M]. 北京：人民美术出版社，1992.

[18]张刘，等. 中国西部少数民族服饰[M]. 成都：四川教育出版社，1993.

[19]朱净宇，李家泉. 少数民族色彩语言揭秘[M]. 昆明：云南人民出版社，1993.

[20]云南省群众艺术馆. 云南民族民间艺术[M]. 昆明：云南人民出版社，1994.

[21]杜若甫，叶付升. 中国的民族[M]. 北京：科学出版社，1994.

［22］李致. 藏族服饰奇观［M］. 成都：四川人民出版社，1995.

［23］李肖冰. 中国西域民族服饰研究［M］. 乌鲁木齐：新疆人民出版社，1995.

［24］华梅. 人类服饰文化学［M］. 天津：天津人民出版社，1995.

［25］高业荣. 台湾原住民的艺术［M］. 台北：台湾东华书局，1997.

［26］普学旺. 中国黑白崇拜文化［M］. 昆明：云南民族出版社，1997.

［27］杨正文. 苗族服饰文化［M］. 贵阳：贵州民族出版社，1998.

［28］［德］费尔巴哈. 宗教的本质［M］. 王太庆，译. 北京：人民出版社，1999.

［29］杨源. 中国少数民族服饰图典［M］. 北京：大众文艺出版社，1999.

［30］吴仕忠，胡廷夺. 傩戏面具［M］. 哈尔滨：黑龙江美术出版社，1999.

［31］杨福泉，段玉明，郭净. 云南少数民族概览［M］. 昆明：云南人民出版社，1999.

［32］程志方，李安泰. 云南民族服饰［M］. 昆明：云南民族出版社，2000.

［33］缪良云. 中国衣经［M］. 上海：上海文化出版社，2000.

［34］郑巨欣. 染织与服装设计［M］. 上海：上海书画出版社，2000.

［35］郭于华. 仪式与社会变迁［M］. 北京：社会科学文献出版社，2000.

［36］戴平. 中国服饰文化研究［M］. 上海：上海人民出版社，2000.

［37］吕胜中. 广西民族风俗艺术——五彩衣裳（上下篇）［M］. 南宁：广西美术出版社，2001.

［38］张鹰. 服装佩饰［M］. 重庆：重庆出版社，2001.

［39］钟茂兰. 民间染织美术［M］. 北京：中国纺织出版社，2002.

［40］李昆声. 云南少数民族服饰［M］. 昆明：云南美术出版社，2002.

［41］李春生. 中国少数民族头饰文化［M］. 北京：人民画报社，2002.

［42］罗微. 古代汉族女性服饰研究［M］. 北京：中央民族大学美术学院，2003.

［43］吕胜中. 再见传统［M］. 北京：生活·读书·新知三联书店，2003.

［44］楼望皓. 中国新疆民俗［M］. 乌鲁木齐：新疆美术摄影出版社，2003.

［45］志贤. 贵州古傩［M］. 贵阳：贵州民族出版社，2004.

［46］王伟健，孙丽. 佛家法器［M］. 天津：天津人民出版社，2004.

［47］臧迎春. 中国少数民族服饰［M］. 北京：五洲传播出版社，2004.

［48］钟壮民，周文林. 中国彝族服饰［M］. 昆明：云南美术出版社，2006.

［49］季敏. 赫哲、鄂伦春、达翰尔服饰艺术研究［M］. 哈尔滨：黑龙江美术出版社，2006.

［50］唐绪祥. 银饰珍赏志［M］. 南宁：广西美术出版社，2006.

［51］钟茂兰，范朴. 中国少数民族服饰［M］. 北京：中国纺织出版社，2006.

［52］王抗生. 民间面具［M］. 北京：中国轻工业出版社，2008.

［53］张敏杰. 赫哲族鱼皮文化研究［M］. 哈尔滨：黑龙江美术出版社，2008.

［54］蓝先琳，李友友. 中国传统刺绣［M］. 南昌：江西美术出版社，2008.

［55］钱永宁，侯慧俊. 织物纹饰图典［M］. 上海：上海科学技术文献出版社，2008.

［56］卢琼. 智慧民间工艺［M］. 北京：新世界出版社，2009.

［57］华梅编. 服饰与信仰［M］. 北京：中国时代经济出版社，2010.

［58］梁庭望，何琳. 中国南方少数民族宗教［M］. 西宁：青海人民出版社，2011.

［59］杨国才. 民族民间传统手工艺及服饰［M］. 北京：中国社会科学出版社，2011.

［60］王晨，林开耀. 黎锦［M］. 苏州：苏州大学出版社，2011.

［61］左汉中. 湖湘图腾与图符［M］. 长沙：湖南美术出版社，2012.

［62］王思琪，徐瑛姞. 中国最美织绣［M］. 武汉：湖北美术出版社，2013.

［63］刘莹. 脸谱面具［M］. 武汉：湖北美术出版社，2013.

后　记

经过近五年的艰辛，本书终于面世了！在这成功的背后，可以说是与无数对民族文化研究怀有共同热爱的朋友大力支持分不开的。在此，对这些鼎力协助我的朋友致以真挚的谢意！

我在此书的编写过程中，曾深入云南、贵州、西藏等各地采风，对民族文化知识方面有了深入的了解。由于民族服饰文化所涉及的范围较广，且各民族服饰错综复杂，以往研究大多在单一民族资料收集和归纳的层面上，可借鉴的综合研究著作及论文较少，加上作者水平有限，本书的广度和深度上也是有限的。作者意在抛砖引玉，但愿这本书能激发更多的学者探讨这个课题，激发更多的设计师关注这个课题；使得民族服饰文化的研究、运用走向崭新的阶段，让各族人民的伟大智慧和丰富的审美经验及表现在服饰上的精神文化内涵，在今天以新的方式得以传承、发扬光大。这正是编写本书最终的目的和意义所在。

本书在整个编写过程中，参阅了相关学者的研究论文和论著，并查找了大量典籍文献，采用了相关网站、书刊、杂志的图片及观点。由于资料收集时间长，难以一一注明出处，在此特向本书引用资料的作者、编者及收藏者表示衷心的感谢！在编写过程中请教了许多专家学者，力求资料的翔实、准确，但就我本人而言，毕竟才疏学浅，完成这一偌大的出版项目难免存在谬误，祈望读者见谅。

编者

2021 年 10 月 22 日